职业教育室内艺术设计专业新形态一体化教材

教育部职业院校艺术设计类专业教学指导委员会
环境艺术设计类专业委员会 | 组织编写

室内软装设计

主 编 徐 琨 陈卉丽 王 琼
副主编 苏立鹏 张婉玉 张海雁
　　　 高凯虹 范文婧
参 编 任小刚 陈 宸

INTERIOR
DECORATION DESIGN

湖南大学出版社 · 长沙

图书在版编目（CIP）数据

室内软装设计 / 徐琨，陈卉丽，王琼主编. -- 长沙：
湖南大学出版社，2024.12. --ISBN 978-7-5667-3618-5

Ⅰ. TU238.2

中国国家版本馆CIP数据核字第20240R4K75号

室内软装设计
SHINEI RUANZHUANG SHEJI

主　　编：徐　琨　陈卉丽　王　琼
策划编辑：胡建华　贾志萍　张以绪
责任编辑：胡建华
印　　装：湖南雅嘉彩色印刷有限公司
开　　本：787 mm×1092 mm　1/16　　　印　　张：10　　字　　数：235千字
版　　次：2024年12月第1版　　　　　　印　　次：2024年12月第1次印刷
书　　号：ISBN 978-7-5667-3618-5
定　　价：58.00元

出　版　人：李文邦
出版发行：湖南大学出版社
社　　址：湖南·长沙·岳麓山　　　　　邮　　编：410082
电　　话：0731-88822559（营销部）　　88821174（编辑部）　　88821006（出版部）
传　　真：0731-88822264（总编室）
网　　址：http://press.hnu.edu.cn

习近平总书记多次对职业教育工作作出重要指示，强调构建职普融通、产教融合的职业教育体系，大力培养大国工匠、能工巧匠、高技能人才。教材是培根铸魂、启智增慧的重要载体，是人才培养的重要支撑，教材的质量直接关系人才自主培养的质量。党的二十大报告首次明确提出"加强教材建设和管理"，体现了以习近平同志为核心的党中央对教材工作的高度重视和对"尺寸课本、国之大者"的殷切期望。

为全面贯彻落实习近平总书记关于职业教育和教材工作的重要指示批示精神，深入贯彻全国职业教育大会和全国教材工作会议精神，更好地促进各有关职业院校室内艺术设计专业的教育教学、学科建设和人才培养，教育部职业院校艺术设计类专业教学指导委员会环境艺术设计类专业委员会高度重视教材体系建设，组织编写了"职业教育室内艺术设计专业新形态一体化教材"。

该系列教材以习近平新时代中国特色社会主义思想为指导，遵循职业教育教学规律、技术技能人才成长规律，紧扣产业升级和数字化改造，依据职业教育国家教学标准体系，对接职业标准和岗位（群）能力要求。基于高素质技术技能人才培养需求，采用"模块—项目—任务"式编写体例，融入思政教学元素，提炼技能竞赛、岗位资格考试要点，体现产教融合、双师编写特色，丰富数字化教学资源，整体开发为纸质教材与数字资源相结合的融媒体教材。

具体来说，该系列教材具有以下特色。

一、思政引领，立德树人：坚持正确的政治方向和价值导向

教材以《国家职业教育改革实施方案》《职业院校教材管理办法》《"十四五"职业教育规划教材建设实施方案》等文件和相关会议精神为指导，严格落实职业教育改革的最新政策要求。展现中国特色、中国风格、中国气派，体现人类文化知识积累和创新成果，全面落实课程思政要求、立德树人要求，弘扬劳动光荣、技能宝贵、创造伟大的时代风尚。教材结合室内艺术设计专业特点，重视生态保护、可持续发展等理念的弘扬，增强生态文明意识；强化学生职业精神、职业规范等的培养，推崇职业道德精神；以实践教学为重点，培养学生运用多种技能处理问题的能力，促进全人教育。旨在实现道德、技术技能、知识三维度内容的一体化。

二、产教融合，双师编写：校企双元合作开发，符合产业实际需求

教材紧跟产业技术的发展和变革趋势，与产业界紧密合作，甄选贴近实际产业需求和工作场景的案例，确保学生所学与市场需求同步。由职业院校中具有高级职称的专业带头人或资深专家领衔编写，中青年骨干教师参与建设，企业参与开发，从而切实提高编写质量，树立权威性，扩大影响力。教材体现

室内艺术设计相关产业发展的新技术、新工艺、新规范、新标准，将知识、能力和价值观的培养有机结合，指导学生从规范和科学的角度出发进行学习，满足其项目学习、案例学习、模块化学习等不同学习方式的要求，为适应不同职业、行业的需要做好必要的准备。由室内艺术设计专业教师与相关企业、行业专家共同编写，校企双元合作开发，结合双方的经验和知识，更具针对性和实用性。

三、内容重构，遵循规律：适应人才培养模式创新和课程体系优化的需要

教材建设遵循职业院校学生的成长规律，顺应职业教育专业、课程和体系重构的趋势，以培养学生的实际能力和综合素养为目标，适应产业发展和教学需求的变化，为学生的职业发展提供有力支持。讲求基础知识与实践技能并重，遵循由易到难、由浅到深的原则，以够用为度，强调实践性，帮助学生逐步建立专业知识体系。教材内容覆盖室内艺术设计专业核心课程的知识点，以真实生产项目、典型工作任务、案例等为载体组织教材单元，符合结构化、模块化的专业课程教学要求。同时，融入职业道德、沟通能力、团队协作等相关内容，以提升学生综合素养。

四、以赛促教，以赛促学：有机融入岗位技能要求、职业技能竞赛知识

教材有机融入岗位技能要求，根据课程标准和全国职业院校技能大赛、世界技能大赛等赛事要求编写，课赛融通，有利于激发学生的学习动力和竞争意识，培养学生的实践能力和创新精神。教材明确体现室内艺术设计行业的相关岗位，如室内设计助理、设计项目主管、项目经理等所需的技能、知识和职业素养。将岗位要求加入相关专业课程，如设计创意、空间设计、材料与工艺等，以培养学生的专业能力。通过对赛事知识的解读，鼓励学生参加全国院校室内设计技能大赛等赛事，以提升其职业竞争力。

五、数字支撑，动态更新：加快推进教材数字化转型，多维度创新

教材顺应时代的发展，回应教育强国建设战略需求和新质生产力的推进要求，积极进行数字化转型。实现新形态教材的多元化和动态化，在内容呈现方面融合声音、动画、视频等，搭建数字平台，增加学生学习趣味性，提高学习效率。随着信息技术发展和产业升级，落实每三年修订一次教材，做到及时更新调整内容。教材以国家职业教育室内艺术设计专业教学资源库和国家级、省级在线精品课程等数字资源为依托，进行教学设计和创新。提供大量图片、案例、视频等教学资源，使内容更加生动、形象，有助于学生更好地理解和掌握知识。教材资源来自不同地区和院校，通过共享和交流，可以让学生了解到不同的设计风格和方法，拓展思维，扩宽视野。除此之外，教材还配有相应的课件、教案、习题等其他资源。

搭建新形态"规划"教材开发平台，助力成员单位开发系列化新形态教材，是本届环境艺术设计类专业委员会的一项重点工作，也是一项长期任务。我们将持之以恒，久久为功，打造一批适应时代要求的精品优质教材，为全国职业教育环境艺术设计类专业高质量发展作出更大贡献。

教育部职业院校艺术设计类专业教学指导委员会

环境艺术设计类专业委员会主任委员

黄春波

2024 年 12 月

CONTENTS
目录

模块一

软装设计基础

▷ **模块导读**

  随着生活水平的不断提高，人们对居住环境的要求日益增长。现代人不仅追求房屋的基本功能性，更注重生活品质和个人品位的表现。因此，软装设计作为打造个性化空间、提升居家舒适度的重要环节，受到了越来越多家庭的关注。

  本模块学习内容包含：软装设计概述、软装设计与生活美学、软装设计师的职业规划、软装设计色彩表达、软装设计风格和流派、软装资源元素等。结合具体案例，全面系统解析室内软装设计的相关知识，帮助学生掌握必备知识和核心技能，提升软装设计水平。

项目一

认识软装设计

学习目标 ···

▶ 知识目标

1. 了解软装设计的概念、起源及作用，掌握软装设计的发展趋势。

2. 了解生活方式与住宅空间设计的关系，理解什么是生活美学、什么是生活方式。

3. 了解软装设计师的工作流程，熟悉软装设计师该掌握的知识体系及具备的职业素养与能力。

▶ 能力目标

1. 能够对软装设计有清楚的认知，并对软装设计市场发展有一个准确的把握。

2. 能够针对特定生活方式展开与之适应的设计构想，为未来的职业发展奠定坚实的基础。

3. 能够以软装设计师的身份调整思维模式，掌握沟通技巧，满足客户需求。

▶ 素质目标

1. 提升自主学习与实践的能力。

2. 培养审美意识，提高审美水平，激发对生活的观察及热爱。

3. 培养软装设计师的基本职业素养。

▶ 思政目标

1. 树立文化自信，培养创新意识。

2. 强化社会责任感与人文关怀。

3. 培养设计师职业道德与工匠精神。

岗位要求 ···

熟知软装设计原理，洞察市场趋势，精准理解客户需求，注重设计细节。

📖 思维导图

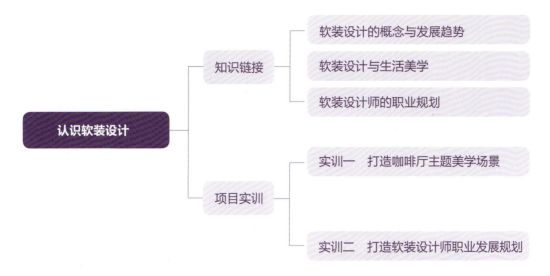

❈ 情境导入

　　如果说建筑师解决了一个"空间"问题，室内设计师解决了这个空间的"生存"问题，那么软装设计师要解决的，就是在这个空间中如何"生活"的问题。本项目将重点介绍软装设计的基础理论知识，帮助大家了解软装设计的含义、起源、作用及发展趋势，从而对软装有更加深刻的认识。

📋 知识链接

数字资源

一│软装设计的概念与发展趋势

（一）软装设计的概念

　　所谓软装设计，是相对于建筑本身的硬结构空间提出来的，是建筑视觉空间的延伸和发展。在室内设计中，室内建筑设计可以称为"硬装设计"（图1-1-1、表1-1-1），而室内陈设艺术设计则被称为"软装设计"。软装设计是针对特定的室内空间，根据空间的功能、地理、环境、气候及主人的格调、爱好等各种要素，利用家具、灯具、窗帘、装饰画、摆件及绿植花艺等各种软装资源，通过设计、挑选、搭配、加工、安装、陈列等过程来营造空间氛围的一种创意行为，是通过空间陈设来创造美、营造生活方式、满足业主精神欲望需要的过程（图1-1-2）。

▶ 图 1-1-1　硬装设计效果　　　　　　　　　　▶ 图 1-1-2　软装设计后的效果

表 1-1-1　硬装和软装设计的主要区别

	硬装设计	软装设计
定义	是在房屋建筑过程中，固定在建筑主体结构上的装饰和设施，如墙面、地面、天花板的处理，以及门窗、水电系统、暖通空调等基础设施	是在硬装完成后，用于室内美化和功能实现的装饰品和家具，如窗帘、沙发、床品、灯具、装饰画、花瓶、抱枕等
功能	侧重于房屋的基础结构和功能，确保空间的实用性、安全性和舒适性	侧重于室内环境的装饰性和个性化，提升居住的舒适度和美观度
施工时间	需在房屋建造或翻新时进行，通常是首阶段施工	在硬装完成后进行，是室内装修的后期环节
成本	通常成本较高，涉及房屋的结构改造和材料安装	成本相对较低，但因其更换频繁，长期来看累积成本较高

（二）软装设计的起源

　　现代软装饰艺术起源于欧洲，兴起于 20 世纪 20 年代，随着历史的发展和社会的不断进步，人们的审美意识普遍觉醒，装饰意识也日益强化。经过近 10 年的发展，于 20 世纪 30 年代形成了软装饰艺术。二战后，各国经济逐渐复苏，人们开始追求更为舒适和美好的生活环境。软装设计在这一时期得到了快速发展，各种风格、流派层出不穷（图 1-1-3~ 图 1-1-6）。而我国在 2007 年才出现"软装设计"这个概念，虽然起步较晚，但近年来发展迅速，与软装设计发展较为成熟的国家之间的差距也在国人的努力下一点点缩小，呈现一片繁荣之象。

▶ 图 1-1-3　古罗马时期软装设计

▶ 图 1-1-5　洛可可式软装

▶ 图 1-1-4　巴洛克式软装

▶ 图 1-1-6　现代风格软装

延伸阅读

软装艺术在中国古代的发展历程

通过研究中国软装艺术的发展历程，可以发现，早在奴隶社会的商代就已经出现成系列的礼仪化软装。由于经历了自发到自觉的过程，软装艺术表现出高雅的品格和特色。到了汉代，软装中常常表现出象征性的装饰图案。魏晋南北朝时期，出现了专业的文人书画家，使得书画艺术迅速发展，也影响到了室内软装。这一时期，软装改变了程式化的作风，同时由于文化的外延，软装艺术也变得意象万千。

初唐时期，我国对外文化交流更加频繁，装饰艺术受到西亚和中亚文化的影响，装饰纹样中的动植物纹样造型变得具体而写实。发展到盛唐时期，政治开明，经济繁荣，软装的观赏性逐步增强，与当时华丽、丰艳的习气不谋而合。

宋代是中国艺术的成熟期，也是软装艺术发展到很高水平的时期，其装饰的繁盛与文人士大夫的审美意趣不可分割。

宋代之后，直到明清，中国传统家居中的软装艺术有了强烈的风格特色，也直接影响到后期传统中式风格的室内软装设计。

（三）软装设计的作用

1. 营造意境，创造美好愿景

不同的软装设计可以烘托出不一样的空间意境，如欢快热烈的喜庆气氛、亲切随和的轻松气氛、深沉凝重的庄严气氛、高雅清新的文艺气氛等（图1-1-7~图1-1-9）。

2. 创造二次空间层次

如图1-1-10案例中室内陈设重点在于主体沙发的选择与摆放，利用异形沙发的曲线来围合出行云流水般的客厅，实现了客餐厅一体化的设计；同时，再次打造了空间的层次感，让多个空间产生了互动关系。

3. 强调室内环境风格

软装的造型、色彩和质感本身都具有一定的风格特点，如果硬装设计没有为风格作出任何铺垫，那就更需要运用软装手段，选择符合设计风格的陈设品，来突出空间风格。比如图1-1-11案例中的家具、灯具和饰品，我们可以看出，它们的造型、色彩和质感，都在强化这个空间整体的复古风格的呈现。

4. 柔化空间

软装可以柔化冷硬的建筑，以及沉闷、缺乏变化的硬装标准化空间，使空间充满生机和活力。比如像窗帘、布艺等柔软的织物饰品，再加上柔和的色调，可以将墙壁或家具上那些硬朗的线条进行综合，起到柔化空间的作用（图1-1-12）。

5. 调节环境色彩

在一个室内空间的环境中，最先进入我们视觉感官的是色彩，而最具有感染力的也是色彩。不同的色彩搭配可以引起人们不同的心理感受，空间环境中良好的色彩搭配可以让人们从和谐悦目的观赏中产生美好的遐想，化境为情，大大超

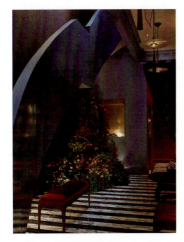  

▶ 图 1-1-7　喜庆气氛　　　　▶ 图 1-1-8　轻松气氛　　　　▶ 图 1-1-9　文艺气氛

▶ 图 1-1-10　沙发打造空间层次感

▶ 图 1-1-11　强化复古风格　　　　▶ 图 1-1-12　柔化室内空间

越了单纯的室内结构局限（图1-1-13）。

6. 陶冶艺术情操

软装不仅可以美化室内空间，令人身心愉悦，还可以增强人的审美意识，陶冶情操，提升文化涵养和个人品位（图1-1-14）。

（四）软装设计的发展趋势

未来，软装设计将朝着个性化、智能化和绿色化的方向发展。随着人们对生活品质的不断追求，软装设计将更加注重细节和品质，提供更加舒适和人性化的室内环境。同时，随着科技的进步和应用，智能家居和物联网技术将与软装设计相结合，为人们带来更加便捷和智能化的生活体验。此外，环保和可持续性的理念将贯穿整个软装设计过程，推动软装设计行业向着更加绿色和可持续的方向发展。

▶ 图1-1-13　调节环境色彩

▶ 图1-1-14　陶冶艺术情操

二 | 软装设计与生活美学

（一）软装设计与生活的关系

软装设计是空间美学、陈设艺术、生活功能等多种复杂元素的创造性融合，软装设计的每一个区域、每一件物品既是整体环境的组成部分，也是业主生活方式的一种诠释。

在崇尚健康舒适、追求精神意境的当下，人们对家居软装的观念，已经逐渐形成一个共同的认知：家应该是一个享受生活和展现自我的地方。家居空间要为享受生活和展现个性提供服务，那么软装设计的重点，就需要与业主的生活情趣息息相关，需要设计师来定位他们的生活方式。软装设计对搭配的层次感和节奏感要求细腻，让人可以从一个家居的软装设计中看出主人的性格、品位，主人的情趣爱好，对衣食住行等方面的要求（图1-2-1）。

▶ 图1-2-1 不同品位的软装空间

（二）生活美学

生活美学是一种关乎"审美生活"的存在之学，也是追问"美好生活"的幸福之学。几乎每个人都在追寻美好的生活。

"美好"的生活起码应包括两个维度，一个是"好的生活"，另一个则是"美的生活"。"好的生活"是"美的生活"的基础，"美的生活"则是"好的生活"的升华（图1-2-2）。

▶ 图 1-2-2 美好生活

（三）生活方式

生活方式是一个内容相当广泛的概念，包括了衣食住行、工作娱乐、社会交往、待人接物等物质生活和精神生活的价值观、审美观等，为人类在一定社会条件下的生活模式的缩影。

1. 极致简约的生活方式

简约可以是生活品质的典范。舍去那些繁缛的装饰，为设计增添更多的可能性，可以是温暖舒适，亦可以是简洁明亮。少即是多，越干净的空间越容易创造出更多的可能性（图1-2-3）。

2. 优雅精致的生活方式

与其说轻奢是一种风格，倒不如说轻奢是一种生活态度。轻奢倡导的是一种优雅、精致的生活方式，追求生活的仪式感（图1-2-4）。精致之处在于细节的美，小到一餐一食，都健康考究；大到读书交友，都认真挑选。

3. 随意休闲的生活方式

追求随意休闲生活方式的人们希望家给人的感觉是自由休闲的，认为房子主要是用来住的，而不是用来欣赏的。追求软装色彩淳朴自然，家具以实用为主（图1-2-5）。

4. 古典奢华的生活方式

无论是中式还是西式风格，古典的风格讲究分寸、讲究秩序、讲究仪式感，是对传统文化的传承，也是对新时代的文化的承接，倡导的是一种极高的生活品质（图1-2-6）。

▶ 图 1-2-3　极致简约的生活空间

▶ 图 1-2-5　随意休闲的生活空间

▶ 图 1-2-4　优雅精致的生活空间

▶ 图 1-2-6　古典奢华的生活空间

5. 个性趣味的生活方式

个性趣味的生活方式追求以绚烂的配色、粗犷的材质、随性的陈设、夸张的造型打造无拘无束、超脱酷炫、个性十足的软装设计空间（图 1-2-7）。

▶ 图 1-2-7　个性趣味的生活空间

（四）生活方式与设计

生活方式与设计的关系：设计是生活方式的表现方式，而生活方式是设计表象背后的"隐形在场"结构，是设计的"DNA"（图 1-2-8）。

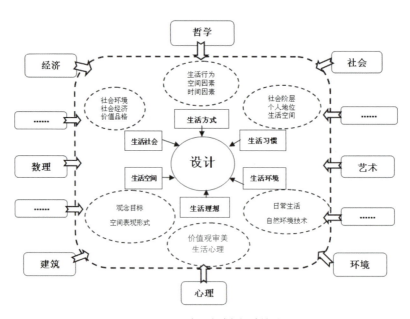

▶ 图 1-2-8　生活方式与设计关系图

⊟ 延伸阅读

居住空间的去客厅化设计可以说是生活方式影响设计的典型代表。传统客厅基本选择沙发、茶几、电视机三件套布局，忽略了房屋主人及家庭成员的需要，例如有人喜欢喝茶，有人喜欢看书，有人喜欢聚会。去客厅化后，可以释放更多的空间，用以打造一个兼具个性化且实用性强的居家核心区，更好地为业主服务（图1-2-9）。

面对面的沙发布局方式，不仅可以自然地将客厅交流空间划分开来，不需要另加隔断，还有助于促进家人之间或朋友之间的互动与交流，是促进家庭成员之间，或与朋友之间合作互动关系的不错的选择。

▶ 图 1-2-9 去客厅化设计

数字资源

三 | 软装设计师的职业规划

（一）软装设计师概述

软装设计师需要用独到的眼光去发现挖掘空间相关内容，再通过"魔力"去弥补一些固有的不足，用专业的方式呈现独立的空间，达到与众不同。

软装设计师发现挖掘的是空间特性、硬装现状、业主的兴趣爱好和生活习惯等因素，以此来确定项目的定位，再为业主做出专属设计方案。

（二）软装设计师的工作流程

1. 初次空间测量

（1）工具：尺子、相机。

（2）流程：

①了解硬装基础，测量空间尺寸。

②给房屋的各个角落拍照，收集硬装节点，记录平行透视（大场景）、成角透视（小场景）、节点（重点局部）影像资料（图1-3-1）。

▶ 图1-3-1　初次测量空间情况

（3）要点：硬装完工后进行测量，首先要在原有风格基础上进行延伸，其次对空间尺寸要把握准确。

2. 生活方式探讨

（1）流程：就以下几个方面与客户展开沟通，了解业主的生活方式，捕捉业主深层的居住需求。①家庭构成；②居住动线；③生活习惯；④文化喜好；⑤宗教禁忌。

（2）要点：空间动线涉及人体工程学、软装产品尺度，所以是平面布局（家具摆放）的关键。

3. 色彩元素探讨

（1）流程：

①观察了解原有硬装现场的色调及色彩关系。

②掌握整体的空间色调：浅暖，深暖；浅冷，深冷。

③把控空间三大色彩关系：背景色、主体色、点缀色及其之间的比例关系（图1-3-2）。

（2）要点：在尊重硬装风格的基础上进行色彩搭配和修饰，做到既统一又有变化，符合客户的需求。

4. 风格元素探讨

（1）流程：

①借助典型案例与客户探讨并确定客户喜好。

②尊重硬装风格。

③尽量为硬装作弥补。

④收集硬装节点（拍照）。

（2）要点：

①准备充分的素材。

②注意硬装与后期配饰的和谐统一性（图1-3-3）。

5. 初步构思及与客户沟通

（1）流程：

①综合以上环节进行初步平面布局。

②归纳分析拍照获得的元素。

③初步选择配饰产品，包括家具、布艺、灯饰、绘画、花艺、日用品等（图1-3-4）。

④设计师对产品进行分析初选，包括品牌、风格、价位等。

⑤与客户沟通初步构思的可行性。

（2）要点：客户的态度对接下来的设计方向起着关键作用。

6. 第二次空间测量

（1）流程：

①设计师结合现场情况，反复考量初步构思框架，对细部进行纠正。

②产品尺寸核实，尤其是对家具体量、长宽高进行全面核实。

③反复感受现场的合理性。

（2）要点：本环节是决定配饰方案可行性的关键环节。

▶ 图 1-3-2　色彩元素探讨

▶ 图 1-3-3　风格元素探讨

▶ 图 1-3-4　初步构思

7. 初步方案

（1）流程：

①制作软装设计时间进度表（也叫彩虹表）（图1-3-5）。

②按照配饰设计流程进行软装方案制作。

（2）要点：注意产品的比重关系，家具60%，布艺20%，其他20%。

8. 签订设计合同

流程：

①初步方案经客户确认后签订软装设计合同。

②收取第一期设计费，通常按费用总价的50%~80%收取。

9. 配饰元素采集

（1）流程：

①家具、布艺、软装材料选择和报价。

②产品采集：灯饰、装饰画、绿植花艺、日用品等（图1-3-6）。

10. 方案深化

（1）流程：

在初步方案得到客户认可的基础上，综合客户的意见和建议，进一步调整方案，明确方案中各项产品的价格及组合效果，制作完整方案及报价清单（图1-3-7）。

（2）要点：

①本环节的前提是，初步方案已经得到客户认可。

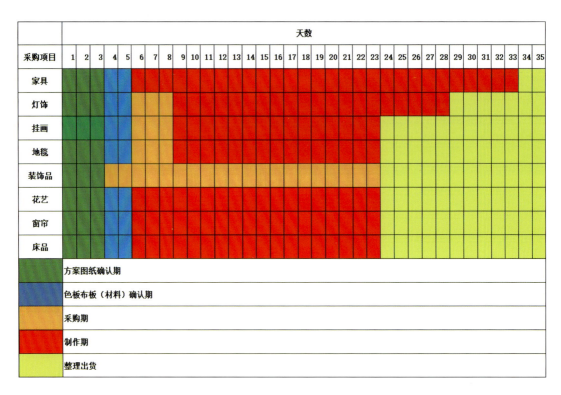

▶ 图1-3-5 软装设计时间进度表

▶ 图 1-3-6 软装配饰元素采集

▶ 图 1-3-7 软装方案深化

②可以出两种报价方案（一个中档，一个高档），以便客户有选择的余地。

11. 方案讲解

（1）流程：系统全面地介绍方案全部内容，听取客户的反馈意见，及时沟通下一步方案修改方向及细节。

（2）要点：三分做七分讲。成功与否，好的设计方案仅占约 30%，另外的约 70% 取决于设计师的有效表达，所以设计师需要在提案前需要做好充足的准备。

12. 方案修改

（1）流程：

①整理分析方案讲解时客户的反馈意见，并提出解决方案。

②结合反馈意见，对软装色彩、风格、配饰元素、价格等内容进行调整。

（2）要点：

设计师需要深入分析客户需求，有针对性地进行方案调整。

13. 确定软装产品

（1）流程：

①按照软装方案中的清单，与厂商一一核对产品价格及库存，与客户确定软装产品的最终选择（表 1-3-1）。

②直接采购或定制产品，需定制的，设计师要向厂家索要 CAD 图并置入方案中（图 1-3-8）。

（2）要点：本环节是软装项目的关键，为后面的采购合同提供依据。

表 1-3-1 软装产品清单

编号	工程编号	位置	名称	尺寸	图片	单位	数量	单价	总额	材质	备注
一、家具 furniture											
负一层　活动家具											
1	FR-100	餐厅	圆餐桌	D1500×810		个	1			主材：桦木板木结合 油漆：多柏斯牌，经过国家强制性产品认证（CQC）以及中国环境标志产品认证	按图定制
2	FR-101	餐厅	扶手椅	常规		个	8			主材：桦木板木结合 面料：优质布料，不变色，质感高档 海绵：高密度海绵 油漆：多柏斯牌，经过国家强制性产品认证（CQC）以及中国环境标志产品认证	按图定制
3	FR-102	厨房	吧台桌	1500×700×1062		个	1			主材：桦木板木结合 油漆：多柏斯牌，经过国家强制性产品认证（CQC）以及中国环境标志产品认证	按图定制
4	FR-103	厨房	吧椅	510×445×1150		个	4			主材：桦木板木结合，按图分色 面料：优质布料，不变色，质感高档 海绵：高密度海绵 油漆：多柏斯牌，经过国家强制性产品认证（CQC）以及中国环境标志产品认证	按图定制
5	FR-104	客厅	三人沙发	2010×972×1250		个	2			主材：桦木板木结合，按图雕花 面料：优质布料，不变色，坐感舒适 海绵：高密度海绵 油漆：多柏斯牌，经过国家强制性产品认证（CQC）以及中国环境标志产品认证	按图定制
6	FR-105	客厅	双人沙发	1800×1030×970		个	2			主材：桦木板木结合，实木脚 面料：优质仿皮，不变色，坐感舒适，做皮拉扣 海绵：高密度海绵 油漆：多柏斯牌，经过国家强制性产品认证（CQC）以及中国环境标志产品认证	按图定制
7	FR-106	客厅	单人沙发	690×760×1020		个	2			主材：桦木板木结合，实木脚 面料：优质仿皮，不变色，质感高档 海绵：高密度海绵 油漆：多柏斯牌，经过国家强制性产品认证（CQC）以及中国环境标志产品认证	按图定制
8	FR-107	客厅	咖啡桌	1200×1200×500		个	2			主材：桦木板木结合，按图做拼花 油漆：多柏斯牌，经过国家强制性产品认证（CQC）以及中国环境标志产品认证	按图定制

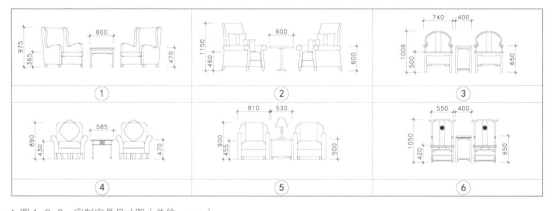

▶ 图 1-3-8　定制家具尺寸图（单位：mm）

14. 签订软装合同

（1）流程：与客户签订产品采购合同，合同签订后按总价的 80% 收取预付费用，家具进场安装后一次性付清剩余的 20% 尾款（合同金额在 5 万元以下的订单可在签订合同后一次性付清全款）。

（2）要点：与客户签订合同，针对定制家具产品，需要在厂家确保发货时间的基础上再增加 15 天保证期。

15. 订购产品

（1）流程：签订合同后，根据软装设计时间进度表进行配饰产品的采购与定制。一般情况下，先采购家具，需要 30~90 天，然后是布艺和软装材料，需要 10~15 天。

（2）要点：细节决定品质。

16. 产品进场前复尺

（1）流程：在家具即将出厂或送到现场前，到现场实地考察，再次感受整个空间氛围，复核空间尺寸。确定家具布艺尺寸与空间的匹配，如果出现特殊情况，尚有调整的余地。

（2）要点：把好这一关，如有问题及时调整。

17. 摆场与调场

（1）流程：摆场与调场是非常关键的一步，摆场需要非常高的协调能力，才能保证软装的每一项产品有序合理归位（图 1-3-9）。

摆场顺序不是固定不变的，通常为灯具→家具→饰品、摆件→窗帘、床品→调场，也可以是家具→灯具→地毯→窗帘→艺术品→床品→饰品。

（2）要点：至少预留出 3 个工作日进场摆场。

18. 售后服务

软装配置完成后进行深度保洁，还需甲方（客户）验收、签收交接单，回访跟踪，保修、勘察及送修。

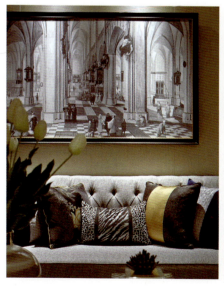

▶ 图 1-3-9　所有软装产品合理归位

（三）软装设计师需具备的知识体系

一件好的软装作品，是没有那么简单就能实现的，需要设计师掌握完整的软装设计知识体系，具备较高的职业素养与能力。软装设计师需具备的知识体系内容如下。

1. 对"美"的理解

软装设计师，一定逃不开"美"这个话题。每个人的审美不同、喜好不同，对事物的接受程度不同，自然对"美"的理解也不同。软装设计师需要具有引导客户审美的能力，要从专业角度告诉客户，应该要什么，适合什么，而不是被客户盲目地牵着鼻子走。

2. 对色彩搭配的把控

色彩是人类接触外界产生情感的第一视觉信号。色彩搭配能力是软装设计师必备功底中排在第一位的。空间的背景色，饰品、生活用品的配色选择，不同的配色不仅能直接传递美感，还能间接表现出主人的性格特点。

比如黄色的地砖搭配什么颜色的沙发或者地毯，蓝色的墙面搭配什么色系的装饰画，这都需要软装设计师具备较强的色彩搭配能力和色彩敏感度（图 1-3-10）。

3. 了解客户及其需求

了解客户及其需求包括建筑的空间类型（家庭住宅、商业空间、办公空间、商务活动空间陈设展示，以及其他活动的空间陈设）、人员结构（年龄、性别、人员关系、生活习性）。

4. 了解软装风格深度知识

软装设计师不光要知道不同风格的特点，还要了解每一个风格的形成过程，这样才能更

▶ 图 1-3-10 软装色彩搭配

好地去运用风格。

举个简单的例子，图 1-3-11 和图 1-3-12 中的两个边几，如果是硬装设计师，会直接说这是欧式的；但如果是软装设计师，就会想要知道边几是什么历史时期的风格，比如洛可可风格，还是巴洛克风格。

6. 掌握陈列展示技法

准确把控设计风格、色彩、实用性、价值等，运用专业的陈列展示技法，对整个空间中的生活用品、家具、灯具、布艺、花艺等元素进行"排兵布阵"，使空间感、色彩关系、材质对比、光影关系等各方面呈现出美感氛围（图1-3-13）。

▶ 图 1-3-11　洛可可风格软装

▶ 图 1-3-12　巴洛克风格软装

5. 把控客户心理

我们常说，一个好的设计还需要碰到一个懂设计师的甲方。设计师要通过沟通去判断客户的性格、喜好、生活习惯等，这样对方案设计、谈单签单会有很大的帮助。

▶ 图 1-3-13　客厅场景的陈设

（四）软装设计师需具备的职业素养与能力

1. 审美能力与文化素养

软装设计师需要提高自身的审美能力以及文化素养。只有经过文化的沉淀，做出来的设计才是有内涵的，才能真真正正打动人的内心。

2. 以人为本的设计原则

软装设计师要始终坚守以人为本的设计原则展开方案设计。软装设计本身就是为人服务的，为受众群体或个人服务的，不能只顾设计师的主观意识表达。

3. 热爱生活，享受生活

都说大自然是设计最好的老师，热爱生活、享受生活的人才能够从大自然当中汲取到灵感，从大自然中体会不一样的感觉。如图 1-3-14 所示的案例，将自然界的美好惬意通过艺术手段转换为软装表现元素，在室内空间呈现。

4. 善于观察，热衷创新

做设计要有一双善于观察的眼睛。设计本身就是一种创新，我们需要运用发现美的眼睛去发现生活中的物品或者是空间，从而寻找创新点。如图 1-3-15 所示的案例通过材质运用的大胆创新，将大自然的原始美感带入室内空间。

5. 敏锐的洞察力

软装也是一门研究人心理的艺术。设计师要善于挖掘业主的心理需求，然后设计出适合业主的风格。同时，软装设计师还要对时尚流行元素有敏锐的洞察力，对设计潮流与方向的把握能力要远远高于硬装设计师。

▶ 图 1-3-14　将大自然的绿带入室内空间

▶ 图 1-3-15　材质运用创新

6. 良好的沟通能力

不管是做软装设计还是做硬装设计，与客户或者是合作伙伴都需进行良好的沟通，达到事半功倍的效果。

7. 排尺与识图能力

软装设计师要能够完成实地的尺寸测量，并且会看平面图与施工图，才能确保每一件陈设物品在空间当中的尺寸、比例得当。

8. 空间把控能力

软装设计师在选择或者是在采购陈设物品的时候，可能并不是置身于三维空间当中，只能通过一些平面图、效果图或者是一个三维虚拟空间来想象，所以，这就要求设计师对空间把控能力非常强（图 1-3-16）。

（五）成为什么样的软装设计师

成为一个什么样的软装设计师与个人的性格、喜好以及能力有直接的关系，其中喜好和能力是两个可变量，喜好我们可以培养，能力我们可以提升，但性格很难改变。

比如内倾型性格的人较为适合做设计型的设计师，因为这种性格的人注重内在的修炼，在商业空间设计领域会有较好的发展。外倾型性格的人适合做营销型设计师，可以积累不同的客户资源，较为适合居住空间领域。混合型性格的人可以在营销型设计和设计型设计中进行选择，通过尝试发现更好的自己。

▶ 图 1-3-16 空间把控（单位：mm）

⊞ 项目实训

实训一　打造咖啡厅主题美学场景

背景资料：

　　小雅，27 岁，活泼开朗的女孩，善于沟通，从云南一偏远农村考学来到长春，大学毕业后留在长春工作，从事红酒销售行业，目前收入颇丰。

　　小闻，安静文雅的男孩，是一个忠实听众，来自海南，与朋友在长春合伙经营一家手作店，以手工制作的皮具、小摆件、首饰为主，收入过得去。

⟳ 任务要求

　　1. 认真分析给定的背景资料，围绕特定的客户确定符合人物需求的咖啡厅美学场景定位。

　　2. 根据定位选择符合人物审美要求的场景陈设要素，制作场景效果图。

⟳ 任务目标

　　1. 掌握软装设计与生活方式、软装设计与美学之间的关系。

　　2. 明确不同生活方式的美学空间呈现特点。

⟳ 任务实施

　　步骤 1：对比分析两个人物信息，寻找生活方式的不同点。

　　步骤 2：针对每个人物的生活方式确定其审美观，并采用头脑风暴的形式讨论能够与审美观相对应的软装空间构成要素。

　　步骤 3：将空间构成要素进行组合，应用场景平台制作软装效果图。

⟳ 练习思考

　　1. 如何通过空间软装设计营造人的情绪需求？

　　2. 营造美学空间的软装设计元素可以归纳为哪几类？

实训二 打造软装设计师职业发展规划

任务要求

1. 进行深度自我剖析。

2. 打造软装设计师职业发展规划。

任务目标

1. 了解一名合格的软装设计师需要具备的知识体系以及职业素养与能力。

2. 对自我有清晰的认知，合理规划符合自己的职业发展路线。

任务实施

步骤1：从性格特点、专业能力等方面进行自我深度剖析。

步骤2：对比分析不同性格倾向所匹配的软装设计领域，初步选择适合自己的发展方向。

步骤3：以软装设计师需具备的知识体系及职业素养与能力，对比自己的现有基础，确定学习方向与计划。

练习思考

1. 目前，软装设计师的职业发展方向有哪些?

2. 人们对生活提出越来越高的要求，这对软装设计师的要求有什么变化?

核心知识小结

1. 软装设计的概念

在室内设计中，室内建筑设计可以称为"硬装设计"，而室内陈设艺术设计则可以称为"软装设计"。

2. 软装设计的作用

（1）营造意境，创造美好愿景

（2）创造二次空间层次

（3）强调室内环境风格

（4）柔化空间

（5）调节环境色彩

（6）陶冶艺术情操

3. 软装设计师的工作流程

初次空间测量→生活方式探讨→色彩元素探讨→风格元素探讨→初步构思及与客户沟通→第二次空间测量→初步方案→签订设计合同→配饰元素采集→方案深化→方案讲解→方案修改→确定软装产品→签订软装合同→订购产品→产品进场前复尺→摆场与调场→售后服务。

◇◇ 学习评价 ······································

项目自评、互评及教师评价表

学生姓名:　　　　　　班级:　　　　　　指导老师:　　　　　　评价日期:

评价项目	分值	评价内容	评分标准	学生自评	学生互评	教师评价
学习态度	20	出勤情况: 按时出勤, 不迟到、不早退、不旷课 课堂参与: 积极发言, 主动参与讨论, 按时提交课堂任务 课外学习: 主动预习复习, 学习记录完整, 能补充课程外相关内容	1. 缺勤每次扣2分 2. 迟到/早退累计3次计1次缺勤 3. 不主动参与课内学习扣5分 4. 不主动完成课外学习内容扣3分			
专业技能	20	理论知识掌握: 掌握软装设计概念、历史及发展趋势, 能准确阐述相关原理	概念不清晰、不能准确表述相关理论, 扣5分			
	20	实践能力: 结合客户需求和生活美学, 设计方案符合岗位要求, 完成度高	不能按要求完成实训任务, 扣5~20分			
创新能力	20	创意设计: 能提出独特且实用的设计创意, 运用新技术、新材料解决问题 设计优化: 在设计中能多次调整、完善方案, 增强效果与实用性	不能主动掌握新技术、新材料, 不能主动提出问题并解决问题, 扣5~15分			
职业素养	20	责任感: 遵守课堂纪律, 完成任务及时, 无拖延 职业精神: 体现工匠精神, 设计作品符合职业审美与职业伦理	缺乏责任意识, 得过且过, 不追求质量及品质, 扣5~10分			
总分			权重	0.3	0.3	0.4
			实际得分			

项目二

软装设计色彩表达

数字资源

📋 学习目标 ···

▶ 知识目标

了解设计色彩基础知识，掌握软装设计色彩应用法则，并熟悉色彩情绪板的制作方法。

▶ 能力目标

能够准确理解色彩的感觉与知觉，并将色彩知识与软装设计相结合，制作色彩情绪板。

▶ 素质目标

提升色彩审美与感知能力，在展现个性与创新性发展的同时，注重可持续发展能力。

▶ 思政目标

弘扬中华美学精神，树立正确的色彩文化观，提升审美素养与艺术修养。

📑 岗位要求 ···

精通色彩理论，能灵活应用于软装设计，具备创新审美能力与可持续发展视野。

📖 思维导图

❖ 情境导入

　　色彩不仅是所有视觉现象的组成部分，更是非常重要的艺术设计语言，它能传情达意，宣泄情绪。在软装陈设设计中合理地运用色彩可以大大提高室内空间的美学价值，一个成功的软装设计案例，总是有着令人满意又着迷的色彩效果。本项目中我们重点学习软装设计中的色彩搭配、色彩应用以及如何制作情绪板。

📄 知识链接

一 | 色彩基础

（一）原色 间色 复色 色环

1. 三原色

　　三原色为红（R）、黄（Y）、蓝（B），它们中任何一色都不能用其余两种色彩合成（图2-1-1）。

2. 间色

　　红黄蓝两两相混合后得到的三个二级色，即间色：绿、橙、紫。

3. 复色

　　与间色混合或间色与间色混合而形成越来越多的颜色，称为复色。

4. 色环

　　由三种原色、三种间色和六种复色组成的系统被统称为十二色相环（图2-1-2）。

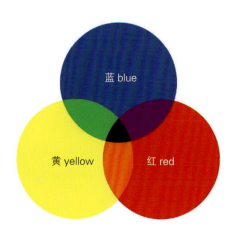

▶图 2-1-1　三原色

▶图 2-1-2　十二色相环

（二）色彩三要素

1. 色相

色相指色彩的外观。从最基本的三原色红、黄、蓝开始，常见的色相环有十二色和二十四色（图 2-1-3）。

2. 明度

明度指色彩的明亮程度。从图 2-1-4 中可以明显地看出：左边的圆比较暗，明度偏低；右边的圆比较亮，明度偏高。灰度模式下，明度最高的颜色是白色，明度最低的颜色是黑色。明度会表现在黑、白、灰及各种彩色中。

3. 纯度

色彩的鲜艳程度，也称作纯度。如图 2-1-5 中，左边圆绿色含量较多，饱和度高；右边圆中绿色含量较少，饱和度低。

▶图 2-1-3　色相

低明度　　　　　　　　中明度　　　　　　　　高明度

▶图 2-1-4　明度变化

高饱和度　　　　　　　中饱和度　　　　　　　低饱和度

▶图 2-1-5　饱和度变化

二 │ 色彩的搭配

十二色相环巧妙地建立了配色系统，常见的色彩搭配有：单色搭配、同类色搭配、补色搭配、分散互补色搭配、三角对立配色搭配……

（一）单色搭配

单色搭配就是用一种颜色进行搭配，色彩的变化只在同一个色相中完成，在不改变色相的情况下进行明度和纯度的改变，给人以简洁、有条理的感觉，但单色搭配相对单调、刻板，缺乏活跃的情趣（图 2-2-1）。

如图 2-2-2 中的餐厅，业主将红色的单人椅搭配红色的花瓶，让这个简约的空间变得生动活泼起来。图 2-2-3 中的卧室，不同深浅的靛蓝色搭配在一起，不仅让整个空间变得富有层次感，而且还能营造一种宁静的空间氛围。

（二）同类色搭配

色环上夹角为 60°的三个相邻的颜色称为同类色，将它们搭配在一起会很和谐。

例如，红、红橙、橙，黄、黄绿、绿，蓝、蓝紫、紫等分别为同类色。

同类色由于色相对比不强，给人以平静、舒适的感觉，同一个色调可以制造丰富的质感和层次，因此，同类色属家居配色中常用的配

▶ 图 2-2-1　单色搭配效果

▶ 图 2-2-2　餐厅单色搭配效果

▶ 图 2-2-3　卧室单色搭配效果

色方法（图 2-2-4）。

如图 2-2-5 黄色的折叠桌椅搭配绿色的抱枕和绿植，轻松打造出一个清爽的休闲角落。图 2-2-6 的整个卧室，草绿色的壁纸与浅蓝色的花纹床单相互搭配，营造出一种温馨、舒适的睡眠环境。

（三）补色搭配

在色环中，夹角为 180° 的两种颜色称为互补色。互补色放在一起，强烈的色彩反差会带来明显的色彩对比效果。蓝色和橙色、红色和绿色、黄色和紫色等互为补色。互补色能够平衡空间冷暖，衬托色彩出挑，创建十分震撼的视觉效果（图 2-2-7）。

如图 2-2-8 的卧室空间，无论是蓝与橙，

还是红与绿，让整个原本只有黑白灰的空间瞬间有了活力。

（四）分散互补色搭配

三种颜色，其中两种为类似色，另一种与它们形成对比，这就是分散互补色搭配。分散互补色搭配方法比较容易出很好的效果，是初学者的首选（图 2-2-9）。

如图 2-2-10 的客厅空间，家具、墙面装饰、地毯等作为色彩的承载物，通过分散互补色的配色方法，空间变得缤纷有趣。

（五）三角对立配色搭配

红、黄、蓝三色在色相环上的位置刚好组成一个等边三角形，要寻找三种互相平衡的

颜色，可以选择十二色相环上任意三角对立的三个颜色。使用三角对立位置上的色彩进行配色，给人以开放而不杂乱之感（图2-2-11）。

如图2-2-12的卧室空间，通过三角对立的配色和图案相结合，家居增添了独特的艺术氛围。

▶ 图2-2-4　同类色搭配效果

▶ 图2-2-5　休闲角同类色搭配效果

▶ 图2-2-6　卧室同类色搭配效果

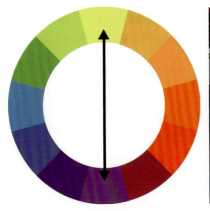

▶ 图 2-2-7　补色搭配效果

▶ 图 2-2-8　互补色卧室空间效果

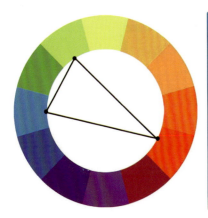

▶ 图 2-2-9　分散互补色搭配效果

▶ 图 2-2-10　缤纷有趣的空间效果

▶ 图 2-2-11　三角对立配色搭配效果

🔲 延伸阅读

色彩的文化特征

1.历史背景对色彩象征的影响

古代色彩象征：在古埃及，黄金代表永恒与神圣，是法老与神祇的象征；在中世纪欧洲，紫色因其染料稀有而成为皇室权力的标志。宗教中的色彩：宗教信仰对色彩的文化意义影响深远。例如，佛教中黄色象征智慧与尊贵，基督教中白色代表圣洁与救赎。

2.色彩与地域文化

东方文化：东方文化对色彩的运用偏向象征意义与哲学内涵。例如，中国传统色彩强调五行（金木水火土）与五色（白青黑赤黄）的对应关系，体现人与自然的和谐。西方文化：西方设计中，色彩更多体现审美和情感表达，如地中海风格中的蓝白配色，反映了对大海与阳光的礼赞。热带文化：在热带地区，明艳的色彩如橙、粉、绿，象征生命力与热情，与自然环境高度契合。

▶ 图 2-2-12　打造艺术氛围空间效果

数字资源

三｜色彩的情感表现

色彩其实是自然界的客观存在，它本身是没有情感的。但是我们的生长环境是一个缤纷的色彩世界，色彩一旦与我们的生长经验发生碰撞并且产生共鸣的时候，就会产生情感效应。

（一）色彩的心理表现

白色：代表简约、纯洁、舒适。简单纯良、性格温和、与世无争，这些都是偏爱白色之人的写照（图 2-3-1）。

黑色：代表专业、神秘、权威。善用黑色的人，大多精明而干练，能够应对各种复杂局面（图 2-3-2）。

灰色：代表高雅、稳定、低调。灰色有点寂寞，有点空灵，让人捉摸不透，奔跑于黑白之间的心灵，既单纯又善变（图 2-3-3）。

金色：代表奢侈、富贵、华丽。大多数人喜爱金色不仅是因为黄金本身的价值，还源自一种生物本能——对阳光的直观感受。阳光是生命的象征，人类崇拜太阳，太阳光的金色在人的视觉里是很强烈的（图 2-3-4）。

银色：代表神秘、尊贵、冷酷。它象征着洞察力、灵感、星际力量与直觉，代表了高尚、尊贵、纯洁、永恒与沉稳（图 2-3-5）。

蓝色：代表平静、梦幻、宽容。蓝色往往具有冷静、理智、沉稳和广阔的特点，因而喜欢蓝色的人性格上都较沉着稳重（图 2-3-6）。

绿色：代表生命、安全、新生。绿色常带给人清新、舒适的感觉，因为其中性的特质，往往又被用来表达和平、安稳、环保与稳定之意（图 2-3-7）。

▶ 图 2-3-1　白色

▶ 图 2-3-2　黑色

▶ 图 2-3-3　灰色

▶ 图 2-3-4　金色

▶ 图 2-3-5　银色

▶ 图 2-3-6　蓝色

▶ 图 2-3-7　绿色

紫色：代表高贵、优雅、浪漫。紫色是普罗旺斯的薰衣草花海，是莫奈《日出·印象》中的蓝紫色帆船，是浩瀚宇宙中的无际神秘（图2-3-8）。

黄色：代表活力、温暖、积极。黄色与橙色相近，同属于暖色系，带有一种积极的能量，象征着光明、希望和温暖，黄色用在家居空间里，往往能点亮整个空间（图2-3-9）。

红色：代表热情、幸福、吉祥。红色是最富有动感的颜色，它能激发我们的各种情感，比如温暖感，而因为对视觉感官上的刺激，它又容易引起激动和躁动感（图2-3-10）。

橙色：代表青春、阳光、甜美。喜欢橙色的人，往往自信和愉悦，蕴含着巨大的能量。橙色也是温暖、健康的颜色（图2-3-11）。

▶ 图2-3-8 紫色

▶ 图2-3-9 黄色

▶ 图2-3-10 红色

▶ 图2-3-11 橙色

数字资源

四 | 色彩感知与情绪

（一）色彩的冷暖感

在色彩心理学中，红、橙、黄等颜色被称为暖色，它们能够给人带来温暖、活泼、兴奋的感觉（图2-4-1）；而蓝、绿、紫等颜色则被称为冷色，它们能够带给人冷静、平和、安宁的感觉（图2-4-2）。软装设计师可以根据空间的功能和使用者的需求，选择合适的冷暖色调来营造不同的氛围。

（二）色彩的轻重感

色彩的明暗和饱和度也会影响人们的心理感受。明度高、饱和度强的颜色往往给人轻盈、明亮的感觉（图2-4-3），而明度低、饱和度弱的颜色则给人沉重、稳重的感觉（图2-4-4）。在软装设计中，设计师可以通过调整色彩的明暗和饱和度，来改变空间的视觉效果和氛围。

（三）色彩的膨胀感与收缩感

色相偏暖、明度高而亮、颜色鲜艳的色彩往往给人以前进膨胀的视觉感受（图2-4-5），而色相偏冷、明度低而暗、颜色混浊的色彩往往给人后退收缩的视觉感受（图2-4-6）。

▶ 图2-4-1　暖色调

▶ 图2-4-2　冷色调

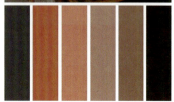

▶ 图2-4-3　轻盈感

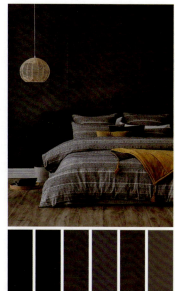

▶ 图 2-4-4　稳重感　　　　▶ 图 2-4-5　膨胀感　　　　▶ 图 2-4-6　收缩感

数字资源

五｜软装设计色彩应用

随着人们对室内软装设计越来越重视，如何搭配软装色彩也成了设计师们关注的问题。我们在进行软装色彩搭配的时候，不仅要考虑色彩本身的色相、明度、纯度等属性问题，还要注意视觉上相协调才能增强室内空间的艺术美感。

（一）软装色彩设计原则

1. 统一性原则

这里所说的统一性，是指色彩选配与设计风格上的统一。从室内设计的整体风格入手，色彩选择上与软装设计的风格保持一致；并且，在搭配过程中，要处理好各个色彩之间的关系，

体现出主体色对空间环境的铺垫作用，以及其余色彩对主体色的辅助和点缀，这样才能达到色彩与风格的和谐与统一。

以北欧风格为例。北欧风格是时下很多年轻人喜爱的风格，设计简洁、具有个性。图2-5-1所示案例中，空间主色调为浅绿色，辅助色与点缀色为灰色、粉色或原木色，这样的色彩搭配，既符合北欧风格的色彩需求，又在视觉上给人简洁、温馨的感受。

2. 个性化原则

在把控室内风格与色彩关系的同时，还应该充分考虑到不同客户的年龄、职业、情感、喜好等更为个性化的要素对于软装色彩的影响。

在进行色彩设计的过程中，坚持以人为本、因人而异的原则，尽最大所能，来满足客户个性化的需求，给客户提供兼具美感与舒适的宜居环境（图 2-5-2）。

3. 功能性原则

由于室内每个空间的功能性不同，我们要使用不同的色彩来进行空间划分与辅助调节。

比如，客厅既是人们日常活动的主要区域，同时也是接待客人的场所。因此，客厅的软装色彩设计既要突出热情大方，同时还要考虑客户的艺术修养和个人偏好；而且，相比于卧室、厨房而言，客厅的面积较大，色彩的选择可以更加丰富（图 2-5-3）。但在设计时，还是要把控好整体风格和局部特点，做到统筹兼顾。

卧室的功能为休息和睡眠，因此，卧室的色彩选配就应该以同类色为主。卧室色彩种类不能太多，否则会显得杂乱；也不要用过于鲜明的对比色，要突出一种宁静、柔和的感觉（图2-5-4）。

但是，在儿童卧室的色彩选择上，主色调就可以用相对明快、活泼的颜色。比如，女孩卧室多用粉色、黄色，男孩卧室多用蓝色、绿色等等（图 2-5-5）。这样，可以通过色彩，为儿童打造一个充满想象力和探索欲的空间。

▶ 图 2-5-1　统一性色彩设计　　　　▶ 图 2-5-2　个性化色彩设计

▶ 图 2-5-3　客厅色彩设计

▶ 图 2-5-4　卧室色彩设计

▶ 图 2-5-5　女孩房与男孩房色彩设计

书房的色彩设计。由于功能性的原因，书房的色彩搭配要营造一种安静、淡雅的风格，如果颜色过于艳丽和复杂，会让人的精力分散，不符合房间的功能需求（图2-5-6）。

▶ 图 2-5-6　书房色彩设计

厨房，则属于室内空间中最实用的功能区，简洁、干净是厨房设计应该遵循的基本原则。因此，厨房的色彩也应该尽量选择相近色搭配，这样，整体上会显得更加干净（图2-5-7）。

▶ 图 2-5-7　厨房色彩设计

（二）色彩情绪板

1. 情绪板的定义

情绪板（mood board）是室内设计、服装设计、视觉传达设计等创意行业中使用广泛的工具，设计师通过收集图片、文字、颜色、其他素材，根据特定主题、风格或情景提取核心要素制作的电子或物理质感页面，从而展示设计师的设计理念、概念、风格和意图。

情绪板不仅可以帮助设计师营造出某种氛围，并且能够让客户直观地认知和感受创作的想法、方向和风格。常见的情绪板制作数码工具有Canva、Adobe Creative Cloud 等，应用这些工具，设计师可以使用模板或从多个渠道添加图片、颜色、文本和标识等元素，以构建属于自己的独特设计原型。情绪板可以提高设计师的效率，凝聚最终设计成果，并可与客户交流时更加容易、更好地共享创意（图2-5-8）。

2. 情绪板的内容

情绪板作为设计主题思想传递的载体，往往包括图片、颜色、字体和其他素材等多种元素（图2-5-9）。

①图片：图片是情绪板重要的组成内容之一。设计师可以通过各种途径收集不同尺寸和形式的图片，如风景、人物、建筑结构、家具等等。

②颜色：纯白的色块在情绪板中也非常重要，可以直接传达不同情感和情绪。设计师可以使用常用的调色板、渐变色或单一色板展示创意配色方案给客户，令客户更加清晰和明了。

③字体：文字也可以为情绪板添加很多东西，通过特定的词语、字体或隐喻，探索不同字体组合，呈现特色和风格。

④其他素材：情绪板还可以包含各种图案、纹理、材质等设计元素，展示其他可能在设计中出现的内容，传递创意的特色性与独特性。

（三）情绪板制作步骤

从最早的纸稿剪贴或静态 PDF 发展到现在，情绪板已经改头换面，数字情绪板成了新

▶ 图 2-5-8 色彩情绪板的应用

▶ 图 2-5-9 情绪板内容组成

时代的主宰。情绪板的设计创作过程并不是单一线性的,我们在这里只是梳理出主线,即无法跳脱的三个主要步骤。

1. 确定关键词

在制作情绪板前,需要先明确设计的主题。通过情绪板唤起什么感觉? 传递什么价值? 选择什么材质? 我们可以不断问自己这几个问题,采用头脑风暴的形式,确定一些与想法相关的关键词,最终筛选 3~5 个关键词(图 2-5-10)。

我们可以关注风格(中式、北欧、地中海风格)、材料(混凝土、白蜡木、丝绒)或颜色(茱萸粉、中国红、森林绿),这样可以很快找到灵感。

▶ 图 2-5-10 提取关键词

需要注意的是,收集素材既琐碎又令人享受,我们很容易陷入这种"走走逛逛"的过程中不能自拔。因此有必要给自己设立一个期限:多长时间之后必须停止收集素材,开始制作自己的情绪板。

2. 收集素材

在第一步确定关键词的基础上,我们可以进一步思考关键词的衍生词映射,一般为 10~20 个,包括心理映射、物化映射、视觉映射等。通过衍生词映射检索到素材,进一步分析素材风格,从中提炼出形态、质感、配色(图 2-5-11)。

3. 重组拼贴

按照关键词归类拼贴在一起,通过打乱、删减、重组素材,放大我们的情绪特征。一般而言,情绪板的拼贴原则仍然是"清晰"和"好看"。通过叠加、减缺等形式增加视觉纵深感,使画面更加美观(图 2-5-12)。

▶ 图 2-5-11　收集素材

情绪板上的素材图片不是越多越好。一些学生会把所有图像和纹理都罗列在情绪板上，但这样做其实背离了制作情绪板的目的：情绪板的本质是给他人和未来的自己传达信息，过多的图像只会干扰人的注意力。

▶ 图 2-5-12　重组拼贴效果

延伸阅读

情绪板的素材渠道

1. Pinterest（缤趣）：这个社交媒体平台可以让人轻松地将图像整合到主题"板"中。它对发现新图像特别有用，所以我们至少在研究阶段会用到它。

2. Canva：提供在线图形设计工具，可以免费替代昂贵的行业软件。它有易于使用的拖放界面和几个模板选项。干净的布局使其成为向他人展示作品的专业选择。

3. Milanote：这是一个很好的基于浏览器的应用程序，包含了一些方便的功能，比如添加视频和 GIF、字体文件和文本注释来解释设计创意。

🔳 项目实训

实训一　打造莫兰迪软装场景

背景资料：

　　乔治·莫兰迪（Giorgio Morandi），20世纪意大利画家，他的作品以静物画闻名，其色彩运用非常独特。

数字资源

　　莫兰迪在作品中大量使用了低饱和的色彩，并且颜色间的过渡非常细腻，给人一种平静、沉思的感觉。他对于色彩的敏锐感知和独特的处理方式，使得他的作品在视觉上呈现出一种淡雅而内敛的美感。这种美感与现代社会中的简约、低调生活方式的追求相吻合（图2-6-1）。

▶ 图2-6-1　莫兰迪色氛围图

⬦ 任务要求

　　1.以传递莫兰迪色彩情绪为核心，通过背景色彩与陈设品的合理选择与搭配，打造软装场景。2.使用美间平台制作莫兰迪主题场景方案效果图。

⬦ 任务目标

　　1.掌握莫兰迪色的特点及用色原则。2.能够通过色彩视觉传递色彩情绪。3.能够利用色彩感觉表达空间主题。

⬦ 任务实施

　　步骤1：大量浏览分析莫兰迪色彩主题作品，加强对莫兰迪色彩的认知及感受。

　　步骤2：以莫兰迪主题为核心，确定原生关键词。

　　步骤3：头脑风暴，通过原生关键词发散出更多衍生关键词，对所有关键词进行归纳总结，提炼出3~5个核心词。

　　步骤4：根据衍生关键词收集能够传达核心词的图片。

　　步骤5：选择合适的拼贴方式呈现色彩情绪板。

⬦ 练习思考

　　1.莫兰迪主题打造，除色彩元素还有哪些元素具有鲜明的设计特点？

　　2.莫兰迪主题适合应用于哪些室内空间？为什么？

实训二　制作儿童主题色彩情绪板

背景资料：

对于儿童主题空间设计，色彩的应用尤为关键。儿童的心理和生理特点决定了他们对色彩的敏感度和喜好，同时，色彩还直接影响儿童的情绪、行为和认知发展。因此，准确理解儿童主题用色的特点，并利用色彩传递适宜的情绪和功能信息，是每一位软装设计师必须掌握的核心技能。

数字资源

任务要求

1. 准确分析儿童主题用色特点。
2. 选择适合的手段及拼贴方式呈现色彩情绪板。

任务目标

1. 熟练掌握并运用色彩的感知与情绪，烘托儿童主题。
2. 通过制作色彩情绪板的方式准确传递色彩表现主题。

任务实施

步骤 1：以儿童为主题，确定原生关键词。

步骤 2：头脑风暴，通过原生关键词发散出更多衍生关键词，对所有关键词进行归纳总结，提炼出 3~5 个核心词。

步骤 3：根据衍生关键词收集能够传达核心词的图片。

步骤 4：选择合适的拼贴方式呈现色彩情绪板。

数字资源

练习思考

1. 儿童主题色彩的最鲜明特点是什么？
2. 儿童主题用色均适用于儿童房设计吗？为什么？

核心知识小结

1. 色彩的搭配

常见的色彩搭配有：单色搭配、同类色搭配、补色搭配、分散互补色搭配、三角对立配色搭配等。

2. 色彩感知与情绪

色彩具有冷暖感、轻重感、膨胀感与收缩感。

3. 软装色彩设计原则

①统一性原则。②个性化原则。③功能性原则。

4. 色彩情绪板制作步骤

①先明确设计的主题，确定关键词。

②基于关键词衍生词映射，一般为10~20个。

③按照关键词归类拼贴，通过打乱、删减、重组素材，放大情绪特征。

◈ 学习评价

项目自评、互评及教师评价表

学生姓名：   班级：   指导老师：   评价日期：

评价项目	分值	评价内容	评分标准	学生自评	学生互评	教师评价
学习态度	20	出勤情况：按时出勤，不迟到、不早退、不旷课 课堂参与：积极发言，主动参与讨论，按时提交课堂任务 课外学习：主动预习复习，学习记录完整，能补充课程外相关内容	1. 缺勤每次扣2分 2. 迟到/早退累计3次计1次缺勤 3. 不主动参与课内学习扣5分 4. 不主动完成课外学习内容扣3分			
专业技能	20	理论知识掌握：掌握色彩基础知识及软装设计色彩应用法则，能准确阐述相关原理	概念不清、不能准确表达相关理论，扣5~20分			
	20	实践能力：将色彩感觉与知觉准确应用于软装色彩情绪板制作，符合主题要求	不能按要求完成实训任务，扣5~20分			
创新能力	20	创意设计：能提出独特且实用的设计创意，运用前沿知识及新思维解决问题 设计优化：在设计中能多次调整、完善方案，增强效果与实用性	不能主动掌握前沿色彩知识，不能主动提出问题并解决问题，扣5~15分			
职业素养	20	责任感：遵守课堂纪律，完成任务及时，无拖延 职业精神：体现正确的色彩文化观，设计作品符合美学精神	缺乏责任意识，得过且过，不追求质量及品质，扣5~10分			
总分			权重	0.3	0.3	0.4
			实际得分			

项目三

软装设计主要风格

📑 学习目标

▷ 知识目标

熟知软装设计风格与流派特征，掌握不同装饰风格的装饰元素。

▷ 能力目标

能够对硬装风格与软装风格的设计重点进行区别，准确把握不同风格的软装设计元素。

▷ 素质目标

培养软装设计师的职业素养，提升自主学习与实践的能力。

▷ 思政目标

树立文化自信与国际视野，强化创新思维与可持续发展理念。

📑 岗位要求

对软装风格流行趋势有准确的把握，能够根据项目实际快速定位软装设计风格。

📖 思维导图

软装设计主要风格
- 知识链接
  - 传统中式风格
  - 新中式风格
  - 美式风格
  - 地中海风格
  - 北欧风格
  - 东南亚风格
- 项目实训
  - 实训 居住空间软装项目分析

❀ 情境导入

　　风格，其实就是一个时代占主导地位的价值观、人生观和世界观，在建筑、室内、陈设上的视觉形象反映。我们学习风格，以及风格背后的历史文化特征，是为了传承、发扬和创新，是为了让我们的设计有故事可讲，并且让这个故事有情节、有温度。本项目将重点介绍六大软装设计风格，通过大量案例分析与实操训练，搞清楚各种装饰风格的特点与原理，灵活把控各种风格的文化元素，掌握通过风格打造给空间主人带来强烈感染力的方法。

📄 知识链接

数字资源

　　我们常说，软装设计其实是一种生活方式，而设计风格其实是对不同生活方式的诠释。就当今流行趋势而言，当下的主流风格，满足当代人的审美及生活标准；当下市场上流行的设计风格包括传统中式风格、新中式风格、美式风格、地中海风格、北欧风格、东南亚风格等。

一 | 传统中式风格

任何一种室内设计风格的形成都是与建筑艺术息息相关的，而建筑和室内设计风格，又与地域文化、时代背景紧密关联。传统中式建筑的设计思想正是源于中国的传统文化（图3-1-1）。

儒家和道家是中国思想的主流，它们对于中国传统住宅设计，以及室内设计思想的形成和发展，起着决定性的作用，在中式风格中，处处可见儒家的礼教观念和道家的天人合一思想（图3-1-2）。

四合院，作为中国传统住宅代表，已有3000多年历史，按照"北屋为尊，两厢次之，倒座为宾，杂屋为附"的准则建造，整个家族按照辈分分配居室，严格体现了古代封建社会等级观念、长幼有序的道德伦理思想（图3-1-3）。

在室内装饰上，四合院借景入室，擅长造景、盆景等，体现人与自然的和谐观念。在装饰细节上崇尚自然的审美情趣，花鸟、鱼虫等精雕细琢，富于变化；整体上重视意境的营造，布局灵活多变，错落有致。这些都充分体现了中国的传统美学精神（图3-1-4）。

（一）传统中式风格室内软装特点

①环境上注重室内与周围环境的联系，创造安宁和谐的氛围（图3-1-5）。

②色彩上追求庄重、宁静、雅致，所以，古朴沉着的红、黑和暖棕色成为主要的装饰色彩（图3-1-6）。

皖派建筑

苏派建筑

闽派建筑

京派建筑

晋派建筑

川派建筑

▶ 图 3-1-1 传统中式建筑

▶ 图 3-1-2 中国传统住宅设计

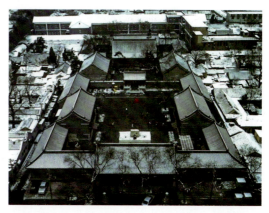

▶ 图 3-1-3 中国四合院

▶ 图 3-1-4 中国传统美学精神在室内装饰中的体现

▶ 图 3-1-5 传统中式风格环境打造

③装饰材料方面以木材为主，着重体现东方木构架结构和质地。家具也多为明式或清式等传统家具（图3-1-7）。

（二）传统中式风格软装元素

1. 家具

软装元素排在首位的是占有空间体量最大的家具，传统中式风格的家具主要为明清家具。明式家具造型简练，以线条为主，结构严谨，做工精细，繁简相宜（图3-1-8）。而清式家具，相比较而言，造型更加浑厚庄重，装饰繁多，给人一种富贵华丽的感觉（图3-1-9）。

2. 藻井

建筑内呈穹隆状的天花被称为藻井。藻井在日常生活中并不常见，多用于尊贵的建筑物，例如神、佛或帝王宝座的顶上（图3-1-10）。

3. 隔扇

隔扇，通常指的是中间镶嵌有通花格子的门。木格扇由传统建筑中的窗户演变而来，被用来充当墙的功能，通过它将室内外两个空间联系起来，有着隔而不断的效果（图3-1-11）。

4. 装饰品

装饰品主要包括字画、匾额、挂屏、瓷器、古玩、盆景等（图3-1-12）。

▶ 图 3-1-6　传统中式风格装饰色彩

▶ 图 3-1-7　传统中式风格木材为主的装饰效果

▶ 图 3-1-8　明式家具

▶ 图 3-1-9　清式家具

▶ 图 3-1-10　藻井

▶ 图 3-1-11　隔扇

延伸阅读

中式家具的"礼仪文化"

中式家具不仅兼具实用与艺术价值，还深刻融入传统礼仪文化，彰显社会等级、家庭伦理与人际交往的礼仪规范。

1. 等级与身份

家具形制、材质与装饰严格遵循等级制度，体现身份地位。名贵木材与繁复雕饰多用于宫廷，普通家庭则选用简约木材与设计。座位高度与布局则强调主次有序，主人居中高位，客人或仆人分居两侧或较低处。

2. 空间布局

家具的摆放体现"中正平和"的礼仪观念。正厅家具注重对称与均衡，主座椅居中，两侧辅以对称家具，既彰显主人的权威又体现对客人的尊重。

3. 家庭伦理

家具设计承载"尊卑有序、长幼有别"的儒家伦理，如圈椅与太师椅多供长者或家主使用，寓意地位尊崇；屏风则分隔空间，体现礼教与含蓄内敛的精神。

4. 待客之道

案几与茶几旨在提供舒适的交谈空间，茶具摆放有序体现主人礼貌周到。"八仙桌"以方正设计方便多人围坐，象征平等与团圆。

5. 装饰意涵

家具装饰纹样如"龙凤呈祥""松鹤延年"等，寓意吉祥，增添庄重氛围，常用于礼节场合，体现美好祝愿。

▶ 图 3-1-12　装饰品

二 | 新中式风格

随着中国国力和经济实力的增长，民族自信心大大提升，民族认同、文化认同的思潮开始出现，中国传统文化逐渐回归主流。同时，八零后、九零后作为消费群体主力，他们的审美眼光、对于美的评判都在发生变化，将中国传统文化与当代人生活需求、审美需求相结合的新中式风格，便成了近几年室内设计的新风向。

（一）新中式风格的定义

并不是将中国传统元素进行堆砌，就叫新中式风格了。将传统风格的家具布置在一起，只会造成元素过多且略显繁杂。新中式风格，是通过对传统文化的认识，在满足现代人对温文尔雅、谦逊含蓄的东方式精神境界的追求下，达到由内而外，且适合现代生活的一种设计风格（图3-2-1）。

（二）新中式风格的特点

1. 文化背景

新中式风格的文化背景必然是中国传统文化，那我们如何在空间中，通过视觉，传达出这种文化气息，营造具有中国浪漫情调的生活空间呢？极具东方之美的字画、瓷器、陶艺，以及一些天然材质的工艺品，便是新中式风格与其他风格所不同的地方（图3-2-2）。

2. 空间层次

新中式风格非常讲究空间的层次感与跳跃感，利用中式的屏风、窗棂、木门等，在遮挡视线的同时又不会隔断空间，展现出中式家居的层次之美（图3-2-3）。

3. 空间配色

在色彩设计上，新中式风格的配色更加多元化，不再局限于红褐色、黑色的传统颜色，加入了更具"年轻朝气"的颜色。新中式风格配色整体以淡雅清幽为主，例如有祖母绿、松石蓝、姜黄色、金色、鸢尾紫等，明亮鲜艳的颜色，在白色、黑色、原木色的综合下，反而更具中式包容万事万物的魅力（图3-2-4）。

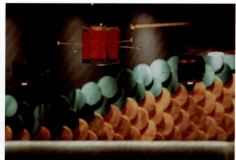

▶ 图 3-2-1 新中式风格

▶ 图 3-2-2　传达文化气息

▶ 图 3-2-3　展现层次之美

▶ 图 3-2-4　多元化配色

4. 材料选取

新中式的装饰材料，突破了传统中式的单一性，材料的选取，符合新中式风格整体的协调性，以及色系的搭配即可。丝、棉麻、壁纸、玻璃、瓷砖、大理石，均可合理搭配运用，只要搭配得好，就能展示出中式风格古风古韵之美（图3-2-5）。

5. 去繁为简

传统概念中，厚重的红木家具，仿佛是中式风格的代言；而新中式风格的家具，更加现代化：质地较为轻盈、款式简洁大方的原木家具，深受消费者喜欢，而且往往含有传统文化中的象征性元素，只是造型更为简洁流畅（图3-2-6）。

图 3-2-5　材料选用多样化

▶ 图 3-2-6　造型简洁的新中式家具

6. 传统与创新

新中式风格保留了传统的中国元素，将之加以修改和创新；水墨画的背景墙、中式屏风、山水画等，这些具有浓厚中国特色的软装元素都是新中式风格常用的装饰品，既有装饰作用亦有隔断作用，可根据整体的设计合理使用（图3-2-7）。

▶图 3-2-7　新中式风格装饰设计的传承与创新

7. 实用至上

有人认为中式家具好看不好用，特别是在坐具方面，部分坐具的线条过分横平竖直，与人体的腰背部曲线难以贴合。但是新中式家具在这方面作出了重大的改革，如扶手、靠背、坐板等，融入了现代人体工程学设计，具有严谨的结构和线条，沙发坐垫部分的填充物偏软，靠背部的偏硬，更加贴合人体曲线，家具设计更加人性化（图 3-2-8）。

▶图 3-2-8　新中式风格实用至上

典型案例

新中式样板间

项目名称：新中式风格样板间

项目地点：吉林省长春市

设计面积：125 m²

本项目融合了传统东方美学与现代设计理念，简洁线条勾勒出的家具，竹木、丝绸等自然材质作为其主要材料，并结合了素雅的色彩搭配；同时，在装饰细节上加入中国风艺术作品，巧妙地将历史沉淀下来的美与当下人们对于简约舒适生活方式的追求相结合，创造出独具魅力的生活空间（图3-2-9）。

▶ 图 3-2-9 新中式样板间

数字资源

三 | 美式风格

提起美式风格，很多人都会认为是大房子加奢华风再加上黑胡桃木，这种理解明显有些片面。真正的美式风格，多元融合，实用舒适。

（一）美式风格的定义

美式风格是一种以自然色彩、古典家具、舒适实用为特点的家居风格。它源于欧洲文艺复兴后期的移民文化，又吸收了美国先民的开拓精神和崇尚自然的原则。自由随意散漫，这就是美国人的一种生活状态，而投影到美式风格上面就成了豪放不羁，崇尚浪漫自由的软装设计（图3-3-1）。

（二）美式风格的设计理念

美式风格有着欧式的奢侈与贵气，结合了美洲大陆的不羁贵气、大气又不失自在随意的特征。在设计上，美式风格追求开放式布局，以增强空间的流动性和视觉的通透性；同时运用大量天然材质和绿植，空间讲求变化，很少为横平竖直的线条，而是通过拱门、家具脚线来凸显设计的独具匠心。

▶ 图 3-3-1　美式风格空间效果

（三）美式风格的特点

1. 自由的氛围

美式风格打造自由氛围，家居环境舒适而有个性，如图 3-3-2 的布艺沙发家具手感柔软、外形时尚，图 3-3-3 所示的开放式美式厨房让居住者有一种轻松愉快、亮丽洒脱之感。

2. 低调的奢华

美式家居一般在材料选择过程中偏爱原木质地和自然线条的家具，天然环保中，也流露出一种天真大气的气质（图 3-3-4）。

▶ 图 3-3-2　美式布艺沙发

▶ 图 3-3-3　美式开放厨房

▶图 3-3-4 简约线条的美式家具

3. 明快的色调

美式风格家居环境色调多倾向于清新、淡雅、协调、舒适，如以蓝色、白色、浅棕褐色这类大自然色为主色调，配以其他跳跃色彩的小摆件或陈列物，整体营造出温馨舒适的视觉效果（图 3-3-5）。

4. 时尚简约的家居饰品

美式风格的装修特色，也离不开时尚简约的配饰，其中最为普遍的就是各类挂壁点缀油画，使家居在彰显不俗艺术品位的同时更显丰盈（图 3-3-6）。

▶图 3-3-5 白色、浅棕褐色为主色调的美式风格效果

▶图 3-3-6 美式风格饰品陈设

（四）美式风格的类型

1. 美式田园风格

美式田园风格强调与自然的和谐共处，追求一种舒适、温馨的生活氛围。美式田园是对现代生活压力的一种温柔反抗，它通过使用自然材料和传统的手工艺，营造出一种宁静、宜人的居住环境。美式田园家具选择上，偏好使用实木材质，甚至刻意强调木材的结疤和裂缝，以此展现木材的独特魅力；色彩倾向于使用温暖、柔和的色调，如米色、浅绿色和粉色，这些色彩能够营造出一种放松和舒适的氛围（图3-3-7）。

2. 美式现代风格

美式现代风格是20世纪初期美国室内设计的一种演变，它将现代设计的简洁性与传统美式的舒适感相结合，形成了一种新的生活艺术。在设计上，美式现代风格追求开放式布局，以增强空间的流动性和视觉的通透性。这种风格的设计师们擅长运用简洁的线条和几何形状来塑造空间，减少不必要的装饰，强调功能性和形式的纯粹性。在色彩选择上，美式现代风格倾向于使用中性色调作为基调，如白色、灰色和黑色。家具设计上，美式现代风格通常具有简洁的线条和光滑的表面，强调功能性和舒适性，同时也注重材料的质量和耐用性（图3-3-8）。

3. 美式复古风格

美式复古风格来源于较早的欧洲文化，它没有巴洛克奢华，用比较简单的花纹做点缀，家居都是深色系，绿色和驼色占比较多，善于用对称来布置空间，如高大的壁炉、古董黄铜把手、水晶灯、中国陶瓷等（图3-3-9）。

4. 美式工业风风格

loft（阁楼、公寓）和club（俱乐部）常采用美式工业风风格崇尚自然但又带点酷酷的感觉。其钢制管道组合，凸显年代感，门或茶几一般为木式（图3-3-10）。

▶图3-3-7　美式田园风格

▶图3-3-8　美式现代风格

▶图 3-3-9　美式复古风格　　▶图 3-3-10　美式工业风格

数字资源

四 | 地中海风格

地中海文明在很多人心中蒙着一层神秘的面纱，无处不在的浪漫主义气息和兼收并蓄的文化品位被广大人群所接受。

（一）地中海风格的定义

我们现在所说的地中海风格是拜占庭、罗马、希腊、北非等多种艺术形式的融合，它不是单一的风格，而是融合了这一区域特殊的地理因素、自然环境因素和各民族不同文化因素后所形成的一种混搭风格（图 3-4-1）。

人们喜欢它纯美的色彩和海洋气息，还有大地色系，如红褐色、土黄色和橘黄色等，其

▶图 3-4-1　不一样的地中海风格

视觉冲击效果都是极强的。实际的地中海风格并没有我们想的那么蓝，而是有种隐隐的住在海边的感觉，地中海式的美学特点拥有纯美的色彩，在选色上，它一般选择贴近自然的柔和色彩，在组合设计上注重空间搭配，充分利用每一寸空间，流露出古老的文明气息。

（二）地中海风格的美学特点

1. 纯美的色彩

地中海风格最迷人的地方就在于色彩，希腊圣托里尼岛的蓝与白是最典型的一种，白色村庄与沙滩、碧海与蓝天连成一片，甚至门框、窗户和椅面都是蓝与白的配色（图3-4-2）。

北非国家特有的沙漠、岩石、泥等天然景观呈现出当地土壤的色泽，比如棕土色、赤土色、土黄色和红褐色（图3-4-3），这样的色彩也是地中海风格所常用的色彩。

2. 独特的装饰方式

地中海风格独特的装饰方式主要体现在地面多铺赤陶或石板。在室内，窗帘、桌巾、沙发套、灯罩等均以低彩度色调和棉织品为主要元素，素雅的小细花、条纹格子图案是其主要风格。独特的锻打铁艺家具，也是地中海风格独特的家具元素。同时，地中海风格的家居绿化上运用爬藤类植物，还有绿色的盆栽也是比较常见的（图3-4-4）。

▶图3-4-2　希腊圣托里尼岛的蓝与白

▶图3-4-3　北非特有的棕褐色

▶图3-4-4　独特的装饰

（三）地中海风格的分类

地中海风格最早起源于 9~11 世纪，正是因为装饰装修的兴起才促进地中海风格的起源。因为地中海特殊的地理位置，周边有希腊、意大利、法国、西班牙、埃及、摩洛哥等国，所以地中海风格又分为下面这几种不同的形式。

1. 希腊式地中海风格

希腊式地中海风格是一种融合了希腊、罗马和地中海地区文化元素的设计风格，以其简洁、优雅、浪漫的特点而受到人们的喜爱。希腊式地中海风格，经典柱式是不可或缺的设计元素之一，色彩以白色、蓝色和黄色为主，材质以木材、石材和陶瓷为主，家具以简洁、实用为主，具有线条流畅、造型优美等特点（图 3-4-5）。

2. 西班牙式地中海风格

基督教文化和穆斯林文化相互渗透、融合，形成了多元、神秘、奇异的西班牙式地中海风格。在选色上，一般选择更贴近自然的柔和色彩，在组合设计上注意空间搭配，充分利用每一寸空间，且不显局促、不失大气（图 3-4-6）。

3. 南意大利式地中海风格

与蓝白清凉的希腊式地中海风格不同的是，南意大利式地中海风格的软装设计更钟情于阳光的味道。其拼贴的仿古砖、精致的铁艺装饰和生机勃勃的绿植能让人感受到来自南意大利式地中海风格的热情（图 3-4-7）。

4. 北非式地中海风格

北非处于干旱地区，终年少雨，盛产灰岩，蓝天碧海，手工艺术品盛行，这些地域特色都深深地影响着北非式地中海风格的形成。北非式地中海风格色彩以黄色、赭石色为主，再辅以北非本土植物的深红、靛蓝，加上黄铜，带来一种大地般的浩瀚感觉（图 3-4-8）。

5. 法式地中海风格

法式地中海风格往往不追求简单的协调，而是崇尚冲突之美，给人一种扑面而来的浓郁气息，推崇优雅、高贵和浪漫。法式地中海风格的美，有海与天明亮的色彩，仿佛有被水冲刷过后的白墙，薰衣草、玫瑰、茉莉的香气，路旁奔放的成片花田色彩，历史悠久的古建筑，土黄色与红褐色交织而成的强烈民族性色彩（图 3-4-9）。

▶图 3-4-5 希腊式地中海风格

▶图 3-4-6 西班牙式地中海风格

▶图 3-4-7 南意大利式地中海风格

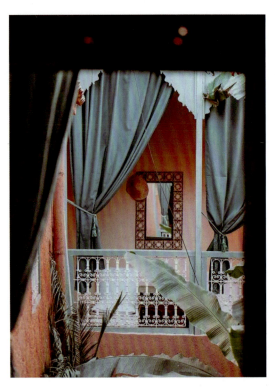

▶图 3-4-8 北非式地中海风格

▶图 3-4-9 法式地中海风格

五｜北欧风格

北欧是当今世界上非常富裕的地方，北欧人堪称地球上最懂得生活的一群人，活得北欧一点，是现代人的向往：简单、自然、幸福。

（一）北欧风格的定义

北欧风格起源于斯堪的纳维亚地区的设计风格，因此也被称为"斯堪的纳维亚风格"。北欧指丹麦、芬兰、冰岛、挪威和瑞典五个国家，都位于欧洲的北部地区，而且彼此相邻，所以，"斯堪的纳维亚地区"实际上指的就是北欧。北欧风格也因此而得名（图3-5-1）。

（二）北欧风格的设计特点

1. 色彩明朗干净

北欧风格颜色选择上偏浅色，如白色、米色、浅木色。北欧风格常以白色为主色调，使用纯色的鲜艳色彩，或以黑白为主色调，不添加任何其他色彩；空间感觉清晰明了，没有混淆感。另外，白色、黑色、棕色、灰色和蓝色是北欧风格装饰常用的设计风格（图3-5-2）。

2. 原木质感

木质是北欧风格的灵魂，北欧风格基本上使用原木，并保留了原木的原始颜色和纹理（图3-5-3）。

3. 装饰材料自然

除了木材之外，北欧风格室内装饰用的装饰材料还包括石材、玻璃和铁艺，但都保留了原有的材质（图3-5-3）。

4. 空间设计流畅、简洁

北欧风格通常强调宽敞的室内空间和空

▶图 3-5-1　北欧风格

▶图 3-5-2　色彩干净的北欧风格

▶图 3-5-3　原木质感

▶图 3-5-4　自然的装饰材料

间内部和外部的透明度，并最大限度地将自然光引入。空间平面设计追求流利的感觉，墙壁、地板、天花板、家具、灯具和器具都具有造型简单、质地纯正、工艺精细的特点（图3-5-5）。

▶图3-5-5 流畅、简洁的空间设计

5.线条、色块装饰

无论是北欧简约建筑还是室内设计，屋顶、墙壁和地板的三面都是完全没有装饰纹样和图案，只有线条和色块被用来区分装饰（图3-5-6）。

（三）北欧风格软装元素

1.家具

北欧风格家具以功能主义为前提，没有过多的线条，而是运用大块面的简练的线条，明快的色彩去营造一种理想的居住环境（图

3-5-7）。

2.布艺

北欧风格的布艺选择，指窗帘、桌布、地毯、靠枕等布艺搭配。其材质以自然的元素为主，如棉、麻布品等天然质地材料（图3-5-8）。

▶图3-5-6 使用线条、色块装饰

▶图3-5-7 北欧风格家具

▶图 3-5-8　北欧风格布艺

▶图 3-5-9　北欧风格饰品

3. 饰品

　　北欧风格饰品在图案上可以选择几何印花、条纹、人字形图案和抽象图案设计，为我们提供欢快、兴奋及个性化的设计印象（图3-5-9）。

4. 灯具

　　北欧风格在灯具选择上注意营造简约的气氛，搭配暖黄光线，柔化压迫感，增强放松柔软氛围（图3-5-10）。

5. 色彩

　　北欧风格常以明快的色彩再点缀黑白灰。如果想在北欧风格的客厅里添加一抹令人兴奋的色彩，那么色块是一种方式（图3-5-11）。

▶图 3-5-10　北欧风格灯具

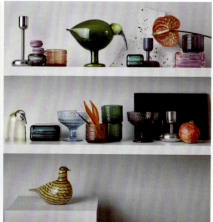

▶ 图 3-5-11　北欧风格色彩

数字资源

六 ｜ 东南亚风格

东南亚位于亚洲东南部，包括中南半岛和马来群岛两大部分。主要有菲律宾、越南、老挝、缅甸、泰国等 11 个国家。东南亚具有茂密的原始丛林、美丽的热带海滨、众多的名胜古迹、独特的风土人情，每个国家都有它独特的魅力。

（一）东南亚风格的定义

东南亚风格是起源于东南亚文化及民族特色并结合现代人的设计审美而形成的一种装修风格，讲究自然性、民族性，自然与人的和谐统一，并融合了佛教文化，具有禅意韵味（图 3-6-1）。

东南亚风格主要表现为两种取向，一种为深色系带有中式风格（图 3-6-2）；另一种为浅色系受西方影响的风格，热烈中微带含蓄，妩媚中蕴藏神秘，温柔与激情兼备（图 3-6-3）。

▶ 图 3-6-1　东南亚风格

▶ 图 3-6-2 带有中式味道的东南亚风格

▶ 图 3-6-3 受西方影响的东南亚风格

（二）东南亚风格的设计特点

东南亚地区曾属于多元化的殖民地，加上笃信佛教，佛像也就成为家中不可或缺的陈设，从而形成了今天我们所看到的独具特色的东南亚风格。

1. 感官

东南亚风格感官上主要给人一种原始自然的朴实感，主要是因为原木和原始材料的运用较多，再加上较多阔叶植物的搭配，更加接近自然（图 3-6-4）。

2. 线条表达

东南亚风格在线条表达上比较接近于现代风格，以直线为主（图 3-6-5），它们的主要区别是在软装配饰品及材料上，与现代风格不同，东南亚风格的家具主要材料用的是实木跟藤居多。

3. 取材

东南亚风格在取材上以实木为主，主要以柚木（颜色为褐色以及深褐色）搭配藤制家具以及布草装饰（点缀作用），常用的饰品及特点有：泰国抱枕、砂岩、黄铜、青铜、木梁以及窗落等（图 3-6-6）。

4. 配色

东南亚风格在配色方面比较接近自然，采用一些原始材料的色彩来搭配，以温馨淡雅的中性色彩为主，局部也会点缀如艳丽的红色等，自然温馨中不失热情华丽（图 3-6-7）。

5. 生态饰品

东南亚风格饰品选择上大多以纯天然的藤或竹，以及柚木为材质，纯手工制作而成。东南亚大部分国家都信奉佛教，带有佛教元素的装饰品也是这种风格必不可少的，颇具禅意（图 3-6-8）。

6. 灯具

东南亚风格运用灯具加风扇的组合形式是最常见的。当然也有装饰泰式图案的华丽的灯具样式（图 3-6-9）。

▶ 图 3-6-4 感官上朴实自然

▶ 图 3-6-5 以线条表达为主

▶图 3-6-6　东南亚风格装饰取材

▶图 3-6-7　红色点缀效果

▶图 3-6-8　东南亚风格装饰取材

▶ 图 3-6-9　东南亚风格灯具样式

🔢 延伸阅读

中古风

如果要问有哪些风格让人喜欢又难以实现，中古风一定会被列入其中。中古风有经典雅致的质感、温暖和谐的色彩，但是整体效果把控起来并没有那么简单。

中古风是现代风格的一种，活跃于 20 世纪中叶。随着审美的不断发展与变化，中古风吸收众多设计理念形成了复杂的派生，但仍然保持着现代主义的非常简洁的特点。

中古风装饰要点：

1. 轮廓干净简洁

在硬装上倾向于采用简洁的线条，通屋大白墙，不加吊顶、石膏线、雕花等多余修饰，突出整个空间的明亮宽敞。而软装单品的线条也要求干净流畅，突出骨骼感。

2. 选用自然材质

家具多使用实木或贴皮，布艺选择颗粒感强的棉麻、雪尼尔。装饰部分，藤编、黄麻、纸质、陶瓷都很合适，玻璃或者金属之类的材质具有强烈的工业感，可以局部选用。

3. 全屋色调统一

中古风偏爱中性色调的和谐共存，尤其适配暖色调，这既是材质带来的色彩特征，也是中古风的调性。

⬚⬚ 项目实训

实训　居住空间软装项目分析

背景资料：

　　学习软装设计风格，学会案例分析是非常关键的一步。这可以帮助我们更深入地理解不同风格的特征、形成背景，以及如何在实际空间中呈现这些风格。通过分析经典或成功的案例，我们能够清楚地看到不同元素在空间中的应用，例如颜色搭配、材质选择、家具布局和装饰细节。这样的过程不仅能丰富设计灵感，培养观察能力和对设计的感知力；更重要的是可以帮助我们学会用专业的视角解读客户的需求，判断哪种设计风格更加适合特定的居住空间。

◈ 任务要求

　　1. 自行搜集不同感觉的新中式风格居住空间项目和美式风格居住空间项目案例各三个（也可多于三个）。

　　2. 对案例进行对比，从软装元素角度，分析每个案例的设计特点。

　　3. 形成"新中式风格居住空间软装项目分析报告"和"美式风格居住空间软装项目分析报告"，要求图文并茂，文字内容均不少于 500 字。

◈ 任务实施

　　步骤 1：通过书籍、网络平台等多种媒介搜集大量案例，保存符合任务要求的三个（套）或三个（套）以上案例图片。

　　步骤 2：结合理论所学，认真分析每个案例的软装设计特点，如色彩、家具、配饰等方面。

　　步骤 3：总结归纳分析结果，形成两个图文并茂的报告文档，以 Word 文档形式提交。

◈ 练习思考

　　1. 无论什么装饰风格，居住空间软装项目分析都应从哪个方面入手？

　　2. 新中式风格的"新"包括哪些方面？

◈ 核心知识小结

　　了解新中式风格、美式风格和北欧风格的特点。

1. 新中式风格的特点

　　①以中国传统文化为文化背景。②讲究空间的层次感与跳跃感。③在色彩设计上，加入了更具"年

轻朝气"的颜色。④材料的选取突破了传统中式的单一性。⑤家具更加现代化，含有传统文化中的象征性元素，但造型更为简洁流畅。

2. 美式风格的特点

①打造自由氛围，环境舒适而有个性。②偏爱原木质地和自然线条的家具，天然环保。③色调多倾向于清新、淡雅、协调、舒适。④家居饰品时尚简约。

3. 北欧风格的特点

①色彩明朗干净；②原木质感；③装饰材料自然；④空间设计流畅、简洁；⑤线条、色块装饰。

◈ 学习评价

项目自评、互评及教师评价表

学生姓名： 班级： 指导老师： 评价日期：

评价项目	分值	评价内容	评分标准	学生自评	学生互评	教师评价
学习态度	20	出勤情况：按时出勤，不迟到、不早退、不旷课 课堂参与：积极发言，主动参与讨论，按时提交课堂任务 课外学习：主动预习复习，学习记录完整，能补充课程外相关内容	1. 缺勤每次扣2分 2. 迟到／早退累计3次计1次缺勤 3. 不主动参与课内学习扣5分 4. 不主动完成课外学习内容扣3分			
专业技能	20	理论知识掌握：掌握软装设计的不同装饰风格及流行趋势	风格及元素掌握不清、不能准确表达相关理论，扣5~20分			
	20	实践能力：能针对不同软装方案从装饰风格角度作出准确分析	不能从典型设计元素角度出发准确分析设计案例，扣5~20分			
创新能力	20	创意设计：能提出独特且实用的设计创意，能融合中西方设计思想 设计优化：在设计中能多次调整、完善方案，增强效果与实用性	不能根据客户需求提出新的设计理念，不能主动掌握新技术、新材料，扣5~15分			
职业素养	20	责任感：遵守课堂纪律，完成任务及时，无拖延 职业精神：树立文化自信与国际视野，设计作品具有创新性	缺乏责任意识，得过且过，不追求作品质量，扣5~10分			
总分			权重	0.3	0.3	0.4
			实际得分			

项目四

软装资源元素

📋 学习目标

▶ 知识目标

熟悉家具分类及陈设摆放原则，熟知家居布局常用尺寸，掌握软装饰品的种类、内容及不同软装饰品的陈设方法与技巧。

▶ 能力目标

能够根据设计风格合理选择、应用家具及其他软装饰品。

▶ 素质目标

培养精益求精的匠人精神与认真负责的职业态度，提升审美能力和空间感知能力。

▶ 思政目标

培养环保意识与可持续发展理念，弘扬工匠精神与职业责任。

📑 岗位要求

熟悉软装设计风格，精准匹配元素，具备国际视野与创新实践能力。

思维导图

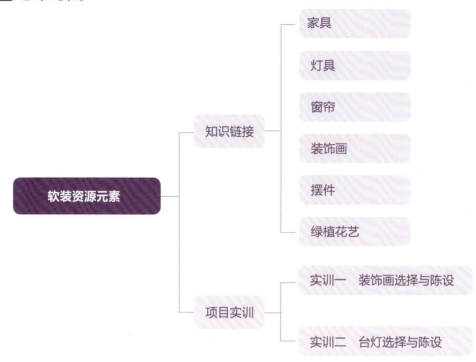

情境导入

　　软装设计是对整体环境、空间美学、陈设艺术、生活功能、材质风格、意境体验、个性偏好，甚至风水文化等多种复杂元素的创造性融合。本项目块将现代软装设计的主要构成元素进行分解，深入研究不同设计元素的特性、设计原则及搭配技巧，帮助我们在方案设计时能够根据特定的软装风格对软装产品进行设计与整合，最终呈现理想的软装效果。

知识链接

数字资源

一 | 家具

　　说起家具，我们都不陌生。它既起源于生活，又促进着生活。尤其在室内设计中，家具是空间呈现的重要组成部分。一件好的家具，不仅要具备完善的功能，还要具备视觉上的美感。下面介绍家具的分类。

（一）按照功能分类

　　这种分类方法是按照人体工程学，根据人与物、物与物之间的关系进行的分类，也是非常科学的一种分类方法。

1. 坐卧类家具

坐卧类家具相比其他家具而言，与人的接触面积大，使用时间也长。根据功能不同，坐卧类家具可以大致划分成沙发、椅凳、床榻三大类（图4-1-1）。

2. 桌台类家具

桌台类家具一般应用在我们工作与学习中，所以对于尺寸的要求相对严格，从功能角度划分，可分为桌类与几类，几类较矮，有茶几、条几等等（图4-1-2）。

3. 橱柜类家具

橱柜类家具，顾名思义就是具有储藏功能的家具类型，虽然这种家具不经常与人体直接接触，但也要根据人体活动的范围与使用场景来确定尺寸和造型。橱柜类家具在造型上分为封闭式、开放式与综合式三种形式，主要有衣柜、书柜、花架、博古架等等（图4-1-3）。

（二）按照建筑环境进行分类

根据不同环境的功能，可以将家具分为公共空间家具、住宅空间家具以及广外家具三大类。

1. 公共空间家具

公共空间家具受到建筑及使用场景的影响，所以类型比较少且专业性非常强，主要有办公家具、酒店家具、学校家具和商业展示家具等（图4-1-4）。

▶ 图 4-1-1　坐卧类家具

▶ 图 4-1-2　桌台类家具

▶ 图 4-1-3　橱柜类家具

▶ 图 4-1-4　公共空间家具

2. 住宅空间家具

住宅空间家具是类型最多、样式最为丰富、品种最为复杂的家具类型。按照室内空间功能划分，可分为客厅家具、玄关家具、书房家具、卧室家具、厨房与餐厅家具、卫生间与浴室家具等等（图 4-1-5）。

3. 户外家具

户外家具主要类型有长椅、桌、台、架类等等（图 4-1-6）。

▶ 图 4-1-5　住宅空间家具

▶ 图 4-1-6　户外家具

（三）按照材料与工艺分类

1. 木质家具

根据我国《木家具通用技术条件》(GB/T 3324—2017)，木家具分为实木类家具、人造板类家具以及综合类木家具三大类。

木质家具通常可以分为以下三种：

普通实木家具：相较于红木家具来说，普通实木家具指的是白木家具，所属的木材有桦木、榄木、松木、楸木、橡胶木、榉木、影木等多种。它具有坚实耐用、质感丰满、古朴典雅、豪华气派等特点（图 4-1-7）。

红木家具：红木家具历史悠久、工艺复杂，大多有十分精致细腻的手工雕刻，选用花梨、紫檀、酸枝等较为贵重的木材，属于高档家具之列（图 4-1-8）。

人造板家具：人造板家具指的是由颗粒板、欧松板、禾香板、多层板、生态板等人造板材制造的家具，成本相对较低（表 4-1-1、图 4-1-9）。

▶ 图 4-1-7　普通实木家具

▶ 图 4-1-8　红木家具

表 4-1-1　人造板家具常用板材对比分析表

名称	示意图	优势	不足	用途
颗粒板		价格便宜，板面平整度好，吸音隔热性能好，易批量制作	握钉力一般，不防水，现场不易制作	柜门和柜体
欧松板		材质均匀，握钉力强，承重力强，防水性能好	价格高	柜门和柜体，柜门首选
禾香板		环保，隔音吸音，防水防潮，硬度高，承重能力强	开槽容易崩开	柜门和柜体
多层板		性价比高，环保，防潮性好，握钉力强，结构性好	易变形，不易做造型	柜体
生态板		环保，没有异味，易加工	价格高，握钉力差，易变形，不粘胶封边容易掉	柜体，不适合做柜门
密度板		价格便宜，可做造型	不环保，握钉力差，不耐潮，遇水膨胀	容易甲醛超标，不推荐使用

▶ 图 4-1-9　人造板家具

2. 金属家具

金属家具是从 20 世纪初开始流行的，过去仅有床、架等金属家具，现在已经有了多种金属家具（图 4-1-10）。金属家具又可分为以下三种。

铁家具：由铁材料制成，表面镀锌、镀铜

或烤漆、喷漆。

不锈钢家具：由不锈钢材料制成，比铁家具更为豪华，经久耐用。

合金家具：由新型合金材料制成，如铝合金等，合金家具质轻、坚固，更加实用。

金属家具材料也从仅以黑色金属为基材，发展为各种金属材料和轻质高强度铝合金材料。

3. 竹藤家具

1925 年，马歇尔·布劳耶设计的瓦西里椅，把钢管弯曲成框架，再将皮革作为椅面椅背，他是钢管家具的鼻祖（图 4-1-11）。

现代设计师将藤编与其他材质相结合，让藤条的风格也变得多样化，不再是原始粗犷的感觉，添加了五金的配饰，让藤编显得更加现代摩登（图 4-1-12）。但相对来讲，竹藤家具似乎不如钢制、木制家具那么结实，故在使用中要注意保养。

4. 石材家具

石材家具因其高贵奢华的自然纹理，为家装增添厚重感，越来越受广大用户的喜爱，在住宅家具中占有举足轻重的地位。石材主要有天然大理石和人造大理石两种原料，色彩自然，品种较多。石材主要特点就是大气厚重，同时风格多变，适应性强。天然大理石经过打磨，光滑如脂，显露奇美花纹。人造大理石或天然大理石可作为家具面板、柱子或其他装饰部分（图 4-1-13）。

近年来，石材＋木材，石材＋金属，各种创意在工业设计领域似火山熔岩喷涌而出。大理石纸巾盒、艺术摆件、花瓶、置物架、餐盘等作品不断受到用户青睐。

5. 软体家具

软体家具主要指的是以海绵、织物或皮为主体的家具，例如沙发、床等（图 4-1-14）

▶ 图 4-1-10　金属家具

▶ 图 4-1-11　瓦西里椅

▶ 4-1-12　竹藤家具

软体家具,主要分为真皮类(主要指头层牛皮)、仿皮类(硅胶皮、超纤皮、猫爪皮等合成皮革)、布艺类(绒布、纯棉、科技布)三大类。

软体布(皮)床由实木架外包海绵组成,具有较为圆滑柔软的边缘和棱角,所以有较高安全性,尤其是老人、小孩不小心碰到时也不会有大的损伤。

6. 玻璃家具

玻璃是日常生活中常见的材质,但纯粹的玻璃家具很少,常要与金属或木质材料相结合。玻璃家具的特点是线条明快、清新悦目,玻璃家具大多以餐台、茶几、桌子等为主(图 4-1-15)。

▶ 图 4-1-13 石材家具

▶ 图 4-1-14 软体家具

▶ 图 4-1-15 玻璃家具

数字资源

二 ｜ **灯具**

灯具在家居空间中不仅具有装饰作用，同时兼具照明的实用功能。灯具应讲究光、造型、色质、结构等总体形态效应，它是构成家居空间效果的基础。

灯具不同的种类和造型与环境相搭配，与室内空间氛围相协调。

（一）客厅灯具

客厅是家庭聚会、休闲放松以及接待访客的重要场所，所以客厅灯具对于氛围的调节尤为重要，灯具可以根据空间大小和风格来选择。同时，客厅作为多功能区，灯光可灵活适应多个场景的需求，但忌堆砌、忌混乱。

若空间层高不足 2.6 m，则不建议主灯选用吊灯或大型主灯，否则会使空间显得压抑；若空间采光良好，也可选择无主光源设计，通过辅助光源实现照明和氛围营造（图 4-2-1）。

（二）卧室灯具

居住空间设计一直讲究明厅暗室，卧室是睡觉休息的场所，灯光设计要考虑光源对睡眠的影响，尽量柔和，偏暖色调，令人放松；款型相对简约，避免花哨，营造良好的休息和睡眠氛围。

卧室的主光源设计，需要注意吸顶灯和吊灯的选用，躺卧时最好不要被光源直射。除主灯外，还可以筒灯、壁灯、台灯、落地灯等多种灯饰搭配使用，床头灯除满足睡前阅读、起夜照明的需要，还可塑造出朦胧氛围（图 4-2-2）。

▶图 4-2-1　客厅灯具

▶图 4-2-2　卧室灯具

（三）书房灯具

书房是工作和学习的空间，对于灯光要求相对较高，灯具选择上必须保证有足够合理的阅读照明。

除主灯外，书桌照明尤为重要。书桌的工作灯具尽量选择可调节角度和亮度的，以适应使用者不同场景需求；书桌应尽量放置在窗户附近，保证一定的自然光线（图4-2-3）。

（四）餐厅灯具

餐厅主要是进餐、交谈的区域。餐厅灯具的选用重点应当放在餐桌及餐边柜，灯光的选择上最好采用可以促进食欲的暖色调。暖色调可以起到烘托食物的作用，让食物看起来色香味俱全，促进进餐心情和激发食欲；在暖色调的灯光下进餐，也会显得更加浪漫富有情调（图4-2-4）。

▶ 图 4-2-3 书房灯具

▶ 图 4-2-4 餐厅灯具

（五）厨房、卫生间灯具

厨房、卫生间往往是油烟、湿气较重的地方，灯具需要更强的耐用性、抗腐蚀性。

厨房、卫生间灯具不宜过多，一般整体照明宜选白炽灯，以柔和的亮度为佳（图4-2-5）。而卫生间的化妆镜前建议设置独立的照明灯具作为局部灯光的补充，可以选择日光灯，以增加温暖、宽敞、清新的感觉（图4-2-6）。

▶ 图 4-2-5 厨房灯具

▶ 图 4-2-6 卫生间灯具

灯光的颜色、温度选择

1. 暖白光（2700~3200 K）

特点：暖白光给人一种温暖、舒适的感觉，类似于傍晚的阳光。暖白光色调偏黄，能够营造出温馨、放松的氛围。

适用空间：卧室是休息的地方，暖白光可以让人身心放松，有助于睡眠。客厅在夜晚也可以使用暖白光，营造出温馨的家庭氛围，给人舒适自在的感觉。餐厅使用暖白光可以为食物润色，增强用餐的氛围和食欲。

2. 中性白光（3500~4500 K）

特点：中性白光更加接近自然光，较为柔和，给人一种自然、舒适的感觉。中性白光的色调介于暖白色和冷白色之间，既不会温暖感过强也不会让人感觉清冷。

适用空间：书房的灯光设计需要满足学习、工作和阅读的需求，中性白光可以提供清晰、舒适的光线，减轻疲劳感。厨房操作区使用中性白光，在满足操作功能需求的同时，可以真实呈现食材本色，方便烹饪。

3. 冷白光（5000 K 以上）

特点：冷白光的色调偏蓝，光线明亮、清晰，照明效果强，相对暖白光和中性白光，更能给人一种清爽、明亮的感觉。

适用空间：卫生间的日常洗漱和化妆功能，需要明亮的光线，冷白光提供的清晰照明效果符合其功能需求。工作间等需要高度集中注意力的空间同样适合选择冷白光，有助于提高工作效率。

数字资源

三 | 窗帘

窗帘作为软装设计的一大关键元素，如何选择直接关系到整个空间的装饰效果和实用性。日常家居多选择传统布艺窗帘，且注重其面料、图案和颜色。还有很多款式的窗帘虽没有被广泛使用，但因它们在空间中呈现出的极致氛围感而成为网红产品，例如梦幻帘（图4-3-1）、香格里拉帘等（图4-3-2）。

（一）窗帘的种类

1. 布艺窗帘

布艺窗帘是居家最常用也是最传统的窗帘形式，由帘头、帘身、轨道组成。帘头、帘身为布类，一般做打褶处理，起波浪形，立体感较好。轨道与窗帘多通过布带、挂钩连接，窗

▶图 4-3-1　梦幻帘

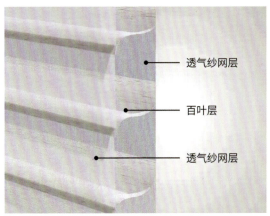

透气纱网层

百叶层

透气纱网层

▶图 4-3-2　香格里拉帘

帘的帘身可自由推拉移动（图 4-3-3）。

　　布艺窗帘轨道安装形式一般分为滑轨（一字轨、弧形轨）（图 4-3-4）、罗马杆（图4-3-5）、电动轨道等（图 4-3-6）。

2. 百叶帘

　　百叶帘既适应于居家也可应用于办公空间。它一般由以铝合金、木竹烤漆为主的材料加工制作而成，具有耐用、易清洗、不老化、不褪色、遮阳、隔热、透气防火等特点，适用于高档写字楼、居室、酒店等场所，同时可配合贴画使其格调更加清新高雅。百叶帘的控制方式有手动和电动两种（图 4-3-7）。

3. 卷帘

　　卷帘的面料以防水的聚合材料为主，价位较为亲民，且易清洁、好整理，又能透光、耐污、防紫外线，让室内光线柔和，免受阳光直射的困扰，达到很好的遮阳效果，有半遮光、半透光、全遮光系列，常用于商务楼、酒店、餐厅、办公室、家居空间（图 4-3-8）。

4. 罗马帘

　　罗马帘面料贯穿横竿，使面料显得硬挺，可充分展现面料的质感。相较于同样是上拉操作的卷帘，罗马帘更多了一份层次感，装饰效果很好，平添一份高雅古朴之美（图 4-3-9）。

▶ 图 4-3-3　布艺窗帘

▶ 图 4-3-4　滑轨　　　　　▶ 图 4-3-5　罗马杆　　　　　▶ 图 4-3-6　电动轨道

▶ 图 4-3-7　百叶帘

▶ 图 4-3-8　卷帘

▶ 图 4-3-9　罗马帘

5. 风琴帘

风琴帘属于布料窗帘，又称为蜂巢帘。风琴帘一般分单蜂窝和双蜂窝两种，独特的中空蜂巢设计，使空气存储于中空层，有效隔热与保温，冬暖夏凉。风琴帘表面皆用抗静电质材，具不易沾尘、好清洁的特性；风格多样，面料有透纱、半透纱、隔光等多种样式；色彩、质地和印花丰富，是人文风住宅最佳选择（图4-3-10）。

6. 调光帘

调光帘是由卷帘衍生出的产品，又可称为斑马帘。其主要材质为聚酯纤维，具有不易沾尘、利于清洁的优点；又有光线比较柔和，一定程度上减少光的直射的特点。调光帘将布艺的温馨、卷帘的简易、百叶帘的调光功能融为一体，是办公和家居窗饰的理想选择（图4-3-11）。

7. 垂直帘

垂直帘，它具有布艺窗帘的遮光性，又兼有纱帘的透视感，同时还融合了百叶帘的调光功能，且每个位置可自由穿过，还可每片单独清洗，是一款功能齐全的时尚窗帘，带给人如梦如幻的感觉，所以又被称为梦幻帘。垂直帘置于客厅、餐厅、阳台、书房等公共区域的大落地窗或宽度较宽的飘窗，效果较佳（图4-3-12）。

▶ 图 4-3-10　风琴帘

▶ 图 4-3-11　调光帘

▶图 4-3-12 垂直帘

（二）窗帘的功能

窗帘具有以下功能（图 4-3-13）。

划分空间

强化室内装饰风格

调节光线

▶图 4-3-13 窗帘的功能

1. 划分空间

利用窗帘对视线的阻隔作用，灵活地对空间进行划分。

2. 强化室内装饰风格

合适的窗帘，能够良好地烘托视觉空间氛围，统一空间设计风格。

3. 调节光线

窗帘在使用中具有较强的便捷性。窗帘可以根据人们对于空间光线的需求随时调节；同时，由于视线的阻隔，能够很好地保护使用者的隐私。

（三）窗帘的选择方法

1. 窗的朝向和比例

窗的朝向决定窗帘的面料与薄厚程度。窗户朝向为东，晨光温暖但不强烈，中厚型窗帘可以让晨光透进室内；如果是面朝西边的窗，傍晚的阳光带着强烈的紫外线照射进室内，强烈而炙热的光线会影响人们的工作与生活，最好是选择带有防紫外线功能且遮光性较好的面料；如果房间窗户朝北，室内光线相对东西朝向窗户较弱，可以选择亮度较高的、色彩相对饱满的窗帘；南向窗户光线充足，薄款布帘或者窗纱既能调节炽热的光线又能将光线漫反射到室内，保持空间亮度（图4-3-14）。

2. 窗帘的风格

以新中式风格窗帘为例。新中式风格讲求沉稳、自然幽静之美，所以窗帘可以选择色彩较为素雅、材质相对考究的对称式窗帘，也可以选择带有绣花纹样的中厚型窗帘，以此彰显国风深邃的韵味（图4-3-15）。

3. 窗帘的造型

窗帘的造型有如下几种。

第一种是平开式，也是窗帘样式中最常见的一种，其样式简洁，垂直的线条能让室内空间层次更加丰富，平开式窗帘的制作与安装方式都非常简单，适合绝大多数窗户（图4-3-16）。

窗户朝向为东　　窗户朝向为西　　窗户朝向为北　　窗户朝向为南

▶图4-3-14　根据窗户朝向选择窗帘

▶图4-3-15　新中式风格窗帘的沉稳幽静之美

▶图 4-3-16　平开式窗帘

▶图 4-3-17　升降式窗帘

　　第二种是升降式。这种窗帘大多根据窗户的尺寸进行制作，常见的有卷帘式和抽带式两种，多适用于尺寸较小的窗户（图4-3-17）。

　　第三种是掀帘式。这种类型的窗帘造型优雅，扎起的方式多样，一般根据窗型和室内陈设风格选择扎法（图4-3-18）。

　　第四种是窗幔式。其最经典的就是波幔式窗帘，造型典雅，在室内空间中装饰效果好。除此之外还有直幔式等（图4-3-19）。

（四）窗帘的测量方法

　　窗帘是家居装饰的重要组成部分，选择合适的窗帘能立即提升家居空间的美感。什么样的窗帘才是合适的，除面料、造型、颜色、风格外，尺寸也是关键的影响因素，这就取决于测量数据的把握，主要包括以下内容：窗帘杆的长度和高度、窗帘面宽、窗帘长度。

1. 窗帘杆的长度

　　窗帘杆的长度由窗户的宽度决定，一般来说，窗帘杆要比窗户宽 20~30 cm。这样做的目的是，当我们将窗帘完全拉开时，能看到整个窗户的边缘。这样，拉开窗帘才可以露出整个窗户，不会阻挡采光，同时能够营造出窗户更大的效果（图4-3-20）。

▶图 4-3-18　掀帘式窗帘

▶图 4-3-19　窗幔式窗帘

2. 窗帘杆的高度

通常来说，把窗帘杆安装在窗户顶框和天花板之间 1/2 或 2/3 的位置是比较好的。尤其是面积相对较小的客厅和卧室，这样做能显得房间的举架更高（图 4-3-21）。

3. 窗帘的面宽

窗帘面宽由窗户宽度决定，一般应为窗户宽度的 1.5~2 倍。这种比例能保证窗帘拉上时，视觉效果更协调（图 4-3-22）。

4. 窗帘的长度

窗帘杆的高度决定窗帘的长度。同时，不同的风格也会对窗帘长度有不同的要求（图 4-3-23）。

触地效果，即窗帘触地，形成褶皱。这种视觉效果最好，但是也比较难清洁。要实现堆积效果，根据窗帘的材质，需要额外留出 5~10 cm（图 4-3-24）。

半触地效果，即窗帘轻微堆积的褶皱效

▶图 4-3-20　窗帘杆长度

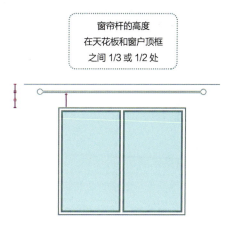

▶图 4-3-21　窗帘杆高度

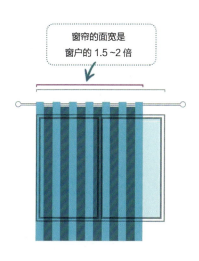

▶图 4-3-22　窗帘的面宽

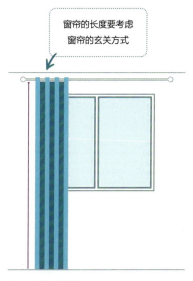

▶图 4-3-23　窗帘的长度

果，需要给窗帘加长 1.5~2.5 cm（图 4-3-22）。

贴地效果，即窗帘精确贴地不产生褶皱，这是最精致的效果，但也是最难实现的，需要非常准确地测量才能做到。

悬浮效果：窗帘离地 2 cm，即可实现如图 4-3-23 所示的窗帘悬浮效果，尽管效果不太规整，但会显得家里很整洁。需要注意的是 2 cm 已经是极限，再短就会让人感觉是测量失误。

▶ 图 4-3-24　触地窗帘效果　　▶ 图 4-3-25　半触地窗帘效果　　▶ 图 4-3-26　悬浮窗帘效果

延伸阅读

不同种类窗帘的缺点

1. 香格里拉帘

（1）难清理（清洗时要和轨道一起拆下来，比较麻烦）。

（2）需要把香格里拉帘全部拉上去才能打开窗户。

（3）遮光一般（不太适合卧室、厨房）。

2. 蜂巢帘

（1）容易积灰，不易清洁。

（2）怕挤压，容易变形，不适合安装在孩童房。

（3）通风性相对较差。

3. 百叶帘

（1）隔热性不如布艺窗帘，保暖性也较弱。

（2）遮光性较弱。

（3）清洁起来相对比较麻烦。

4. 调光帘（斑马帘）

（1）不适合安装在某些形状独特的窗户上。

（2）因为其纺织品的材质，与传统百叶窗不同，染上污渍需要特殊清洗。

5. 罗马帘

帘子里面的压条不容易取出，清洁较为困难。

数字资源

四 ｜ 装饰画

装饰画是室内空间不可或缺的软装元素，它不仅可以用在客厅、餐厅、卧室、书房等空间，甚至卫浴间和厨房也开始用装饰画来做装饰。在不同空间布置装饰画，要充分考虑空间功能和面积，从而选择正确的布置方式，实现积极影响空间的作用。

（一）装饰画的悬挂高度

装饰画的悬挂高度，取决于人在空间中站立状态下视平线的高度，也就是平视装饰画的高度。一般在 120~180 cm，位置过高或过低，都会影响画面欣赏体验感（图 4-4-1）。

（二）装饰画的布置方法

软装设计中装饰画的布置和搭配是非常讲究方法的，装饰画陈设时要守住一个核心原则：装饰画要与空间协调统一，不只是尺寸、色彩、图案上的协调，还包括画框线条结构与硬装线条结构互相融合，延伸互补，墙面和装饰画之间形成一种秩序感（图 4-4-2）。

装饰画常用的布置方法有：中心对称法、重复法、方框线法、对角线法、结构线法、水平线平齐法、核心线法、落地法等。

1. 中心对称法

中心对称法分为水平对称和垂直对称两种形式，适用于单幅或幅数为偶数的装饰画陈设，同系列和同样大小的挂画对称排开，呈现简洁大方的效果（图 4-4-3、图 4-4-4）。

▶ 图 4-4-1 位于视平线高度的挂画效果

▶ 图 4-4-2 成组陈设效果

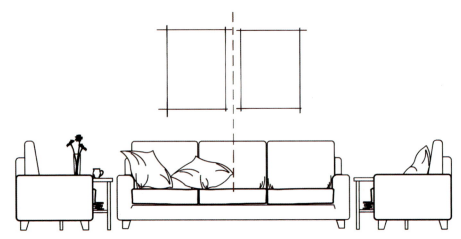

▶ 图 4-4-3　中心对称法

▶ 图 4-4-4　中心对称法陈设效果

2. 重复法

多幅同一风格、大小、色系的装饰画，可以进行重复排布，形成规整的秩序感，上下平齐，规则排列，视觉冲击很足，质感满满（图4-4-5、图4-4-6）。

3. 方框线法

对于多幅大小不一、风格不同、材质多样的装饰画，如果毫无章法地排布，会显得十分杂乱，需要有一定的限制，如将装饰画整体框起来，在框线内进行排布，既能保持随意和丰富感，又能打造规整和秩序感（图4-4-7、图4-4-8）。

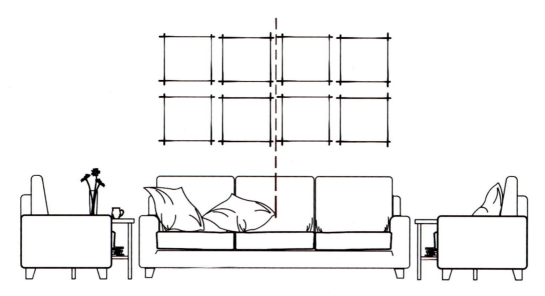

▶图4-4-5 重复法

▶图4-4-6 重复法陈设效果

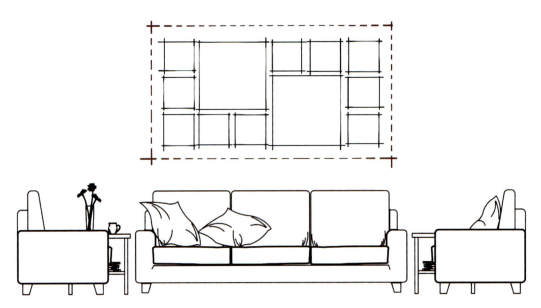

▶图 4-4-7　方框线法

▶图 4-4-8　方框线法陈设效果

4. 对角线法

多幅大小不一、风格不同、材质多样的装饰画，除采用方框法陈设外，还可以沿着对角线的方向来排布，看似无规律可循，实则有一种凌乱的秩序美（图 4-4-9、图 4-4-10）。

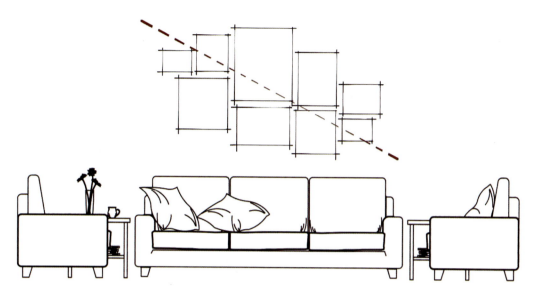

▶图 4-4-9 对角线法

▶ 图 4-4-10 对角线法陈设效果

5. 结构线法

结构线法与对角线法类似，但排列所沿的方向是建筑结构的走向，最常见的是楼梯间沿着楼梯的结构布置，非常适合复式房的装饰画陈设方式（图 4-4-11、图 4-4-12）。

6. 水平线平齐法

多幅大小不一的画，可以设定一条水平线作为基准线，顶部或者底部对齐，一字排开，给人整齐有序的感觉（图 4-4-13、图 4-4-14）。

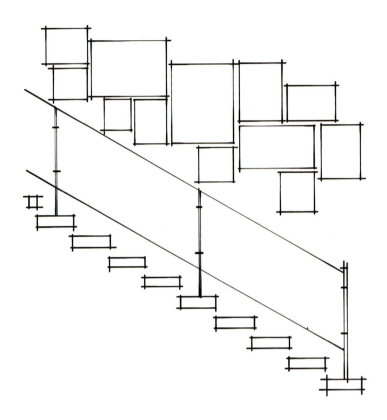

▶ 图 4-4-11　结构线法

▶ 图 4-4-12　结构线法陈设效果

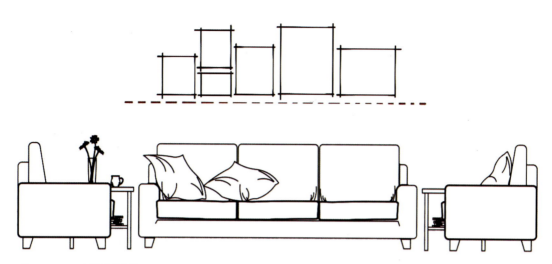

▶ 图 4-4-13 水平线平齐法

▶ 图 4-4-14 水平线平齐法陈设效果

7. 核心线法

以一幅主画为中心，向其上下或者左右均衡展开，并且保持规整（图 4-4-15、图 4-4-16）。

8. 落地、落柜、落隔板法

落地法：装饰画不需要上墙，直接放置地上即可。落地装饰画需要满足两个特点：画幅大，视觉冲击力强（图 4-4-17）。

落柜法：直接将装饰画放在柜子上，可以多幅大小不一的装饰画进行组合，高低错落进行排布，或者与装饰摆件互相搭配（图 4-4-18）。

落隔板法：利用隔板的线条感，有明显的水平基准线，富有秩序，同时在隔板的排布上，可单层或者多层隔板，高低错落排列，或者规整对齐排列，营造出秩序和美观的感受，装饰画摆放于隔板上也相对灵活多变（图 4-4-19）。

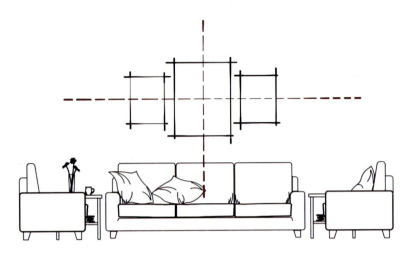

▶ 图 4-4-15　核心线法

▶ 图 4-4-16　核心线法陈设效果

▶ 图 4-4-17　落地法陈设效果

▶ 图 4-4-18 落柜法陈设效果

▶ 图 4-4-19 落隔板法陈设效果

五 | 摆件

摆件是为了美化室内空间，增添个性和氛围而存在的物件，不同造型、材质、色彩的摆件，结合不同摆放技巧便可以营造出丰富多样的视觉效果。

（一）整体风格

软装摆件应与室内整体风格相协调。考虑室内装饰风格，如传统、现代、田园等，选择与之相符的摆件（图4-5-1、图4-5-2）。

（二）色彩搭配

软装摆件的颜色要考虑室内空间的主要颜色与配色方案，做到相互协调，创造视觉的和谐感（图4-5-3）。

（三）尺寸和比例

根据空间的大小和位置，选择尺寸和比例合适的摆件。过大或过小的摆件可能会破坏整体平衡感（图4-5-4）。

▶ 图 4-5-1 传统风格摆件

▶ 图 4-5-2 现代风格摆件

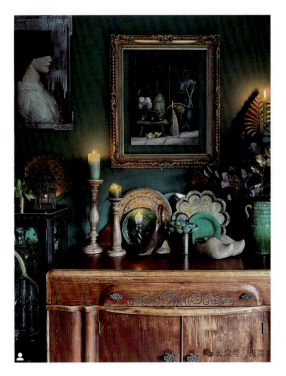

▶ 图 4-5-3 选择色彩协调的摆件

▶ 图 4-5-4 选择合适的尺寸和比列的摆件

（四）材质与质感

1. 木制摆件

木制摆件是指以原木、竹质、藤编、草编为主要材质的摆件饰品，结实耐用、简洁大方。木制摆件主要适用于北欧风格、侘寂风格、原始自然风格、田园风格，常用于户外装饰及民宿酒店（图 4-5-5）。

2. 玻璃摆件

玻璃材质具有耐腐蚀、抗冲刷、易清洗的特点，玻璃摆件装饰效果强，质感通透，设计造型多样，主要适用于北欧风格、现代 / 后现代风格、轻奢风格等空间，在公共艺术装置中较为常见（图 4-5-6）。

3. 金属摆件

金属摆件常见材质有不锈钢、金银及铜质（青铜、铸铜、黄铜、全铜）。家居空间巧妙点缀金属元素，可为生活增添几分高雅而不张扬的美感，与其他材质互相融合搭配，可创造出独一无二的气质（图 4-5-7）。

4. 石材 / 矿物质摆件

原石、大理石、水晶石、汉白玉等材质的摆件，适合用于卫浴、烛台、小型桌子等场景。大理石可以雕刻成工艺美术品、文具、灯具、器皿等实用性艺术品。石材 / 矿物质摆件质感柔和，美观庄重，格调高雅，为室内空间增添了独特的魅力和气质（图 4-5-8）。

5. 陶瓷摆件

陶瓷摆件因其可塑性强，成本低，且新颖、独特，具有文化性和艺术感，在室内装饰中非常受欢迎。陶瓷摆件适用于中式风格、北欧风格、新中式风格、现代极简风格等（图 4-5-9）。

▶ 图 4-5-5　木制摆件

▶ 图 4-5-6　玻璃摆件

▶ 图 4-5-7　金属摆件

▶ 图 4-5-8　石材 / 矿物质摆件

▶ 图 4-5-9　陶瓷摆件

（五）主题和故事性摆件

　　有些摆件不只是一个产品，还具有特定的主题或故事性，如艺术作品、纪念品等。这些往往对于主人有着特殊的含义，能够体现主人的品位和喜好（图 4-5-10）。

▶ 图 4-5-10　体现主题和故事性的摆件

数字资源

六 | 绿植花艺

绿植花艺在软装设计中有着各种各样的应用，无论是客厅、卧室，还是书房、阳台，只要有花的点缀，都能让空间焕发出生机与活力。

择落地摆放、桌面柜面摆放、攀爬垂坠于柜架、垂直布置等陈设方法（图4-6-1）。

（一）花艺绿植在空间中的布置方法

在室内空间中进行花艺绿植布置时，可结合室内环境、家具陈设、植物本身特征等因素，选

（二）不同空间里花艺绿植的应用

1. 玄关

玄关通常位于入门处，光线一般较暗，适合选用耐阴的植物或者是干花（图4-6-2）。

▶图4-6-1 绿植花艺的不同布置方法

▶图4-6-2 玄关绿植花艺陈设

2. 客厅

客厅空间相对较为开阔，采光较好，适合放置喜光的植物或者一些大型的花艺作品。味道较浓烈的花卉也比较适合放在客厅，比如百合、茉莉等（图4-6-3）。

3. 餐厅

餐厅选择植物花卉，要注意气味不宜太浓烈，气息要清新自然，整体造型保持整洁（图4-6-4）。

4. 卧室

卧室选用绿植花艺尺寸不宜过大，数量不宜过多，气味不宜浓烈。一些耗氧量低的多肉植物，气味清淡的水仙、栀子花等花卉，或是素雅的浅色系花艺，是卧室空间较为合适的选择（图4-6-5）。

5. 书房

书房中的植物宜选用单纯简洁的色彩，尤其是在中式风格的空间中，造型精巧别致的盆栽，能给空间增添不少人文气息，朋友来访还能一起细细赏玩（图4-6-6）。

▶ 图4-6-3　客厅绿植花艺陈设

▶ 图4-6-4　餐厅绿植花艺陈设

▶ 图 4-6-5　卧室绿植花艺陈设

▶ 图 4-6-6　书房绿植花艺陈设

⊟ 延伸阅读

智能绿植系统在室内设计中的应用

智能绿植系统将科技与自然结合，为现代室内设计注入了功能性与美感，适应了高效、环保的生活方式需求。以下是智能绿植系统在室内设计中的具体应用。

1. 自动化绿植养护

智能绿植系统通过集成传感器和自动化技术，实现对植物养护的精准控制。

（1）智能浇水：根据土壤湿度实时调节浇水量，避免土壤湿度过大或植物缺水。

（2）智能施肥：根据植物的生长周期与土壤养分情况，自动添加适量肥料。

（3）环境监测：监测光照、湿度、温度、二氧化碳浓度等，为植物提供最佳生长条件。

2. 垂直绿植墙

智能绿植墙利用模块化设计和自动灌溉系统，不仅节省空间，还改善室内空气质量。

（1）空气净化：通过植物的光合作用吸收室内有害气体（如甲醛），提高空气含氧量。

（2）美观性：植物墙成为独特的室内装饰，可定制图案与植物种类，打造视觉焦点。

（3）降温隔热：在大面积墙面应用绿植墙，有助于调节室内温度，减少空调使用。

3. 植物生长灯与节能技术

在自然光源不足时，为室内植物提供补光功能。

（1）LED 生长灯模拟日光，促进植物生长，同时节能环保。

（2）光照时间与强度可通过智能系统调节，减小能耗。

4. 智能控制与远程管理

智能绿植系统常通过 APP 或物联网设备连接，用户可实现远程监控与操作。

（1）用户可随时检查植物健康状况，调整灌溉和施肥计划。

（2）智能预警系统通知用户环境异常或植物状态问题。

🔲 项目实训

实训一　装饰画选择与陈设

背景资料：

见图 4-7-1。

数字资源

▶ 图 4-7-1

◇ 任务要求 ·············

1. 合理分析给定画面中的陈设内容，为双人沙发后面的墙体搭配一幅装饰画。

2. 使用 PPT 或 PS 软件，制作所选画品的悬挂效果。

◇ 任务目标 ·············

1. 掌握软装设计装饰元素的分析方法。

2. 掌握装饰画的选择与陈设方法。

◇ 任务实施 ·············

步骤 1：结合所学理论知识，从专业角度对练习案例中的陈设元素进行整体分析，基本确定装饰画的选择方向（包括尺寸、造型、内容、色彩、材质、陈设方式等多个方面）。

步骤 2：通过合适的网络平台（美间、淘宝、公众号等）搜集符合拟定方向的装饰画 3~5 幅。

步骤 3：应用 PPT 或 PS 软件，将选定画品逐一合成到给定的素材图片中，对比效果，确定最佳画品。

步骤 4：将最终选定画品的合成效果输出 .jpg 格式文件，上传作品。

◇ 练习思考 ·············

1. 画品选择需要关注室内空间的哪些设计元素？

2. 决定画品尺寸的因素有哪些？

实训二　台灯选择与陈设

背景资料:

　　见图 4-8-1。

▶ 图 4-8-1

✦ 任务要求

　　1. 合理分析台面已有的陈设元素, 为右侧留白位置选择一款适合的台灯。

　　2. 使用 PPT、PS 软件均可, 制作所选台灯的陈设效果。

✦ 任务目标

　　1. 掌握软装设计装饰元素的分析方法。

　　2. 掌握台面陈设产品的选择与陈设方法。

✦ 任务实施

　　步骤 1: 结合所学理论知识, 对给定素材中所有软装元素进行分析, 基本确定台灯的选择方向(包括尺寸、造型、色彩等多个方面)。

　　步骤 2: 通过适合的网络平台(美间、淘宝、公众号等)搜集符合拟定方向的台灯 3~5 个。

　　步骤 3: 应用 PPT 或 PS 软件, 将选定的台灯逐一合成到给定的素材图片中, 对比效果, 确定最佳产品。

　　步骤 4: 将最终选定台灯的合成效果输出 .jpg 格式文件, 上传作品。

练习思考

1. 掌握软装设计工作流程对设计元素分析有哪些帮助作用？
2. 面对众多软装设计元素，通常应遵循的选择顺序是什么？

核心知识小结

1. 软装资源元素。软装资源元素通常包括家具、灯具、窗帘、装饰画、摆件、绿植花艺等。
2. 家具按照功能分类。可分为坐卧类家具、桌台类家具和橱柜类家具。
3. 窗帘的种类。包括布艺窗帘、百叶帘、卷帘、罗马帘、风琴帘、调光帘、垂直帘等。
4. 装饰画的布置方法。装饰画常用的布置方法有：中心对称法、重复法、方框线法、对角线法、结构线法、水平线平齐法、核心线法、落地法等。

学习评价

项目自评、互评及教师评价表

学生姓名： 班级： 指导老师： 评价日期：

评价项目	分值	评价内容	评分标准	学生自评	学生互评	教师评价
学习态度	20	出勤情况：按时出勤，不迟到、不早退、不旷课 课堂参与：积极发言，主动参与讨论，按时提交课堂任务 课外学习：主动预习复习，学习记录完整，能补充课程外相关内容	1. 缺勤每次扣 2 分 2. 迟到 / 早退累计 3 次计 1 次缺勤 3. 不主动参与课内学习扣 5 分 4. 不主动完成课外学习内容扣 3 分			
专业技能	20	理论知识掌握：掌握不同软装资源元素的种类、内容及陈设方法	对软装资源元素阐述不清晰，扣 5~20 分			
	20	实践能力：能通过合理选择、应用软装资源元素呈现不同软装风格	针对给定设计风格选择软装元素不准确，扣 5~20 分			
创新能力	20	创意设计：能提出独特且实用的设计创意，运用新技术、新材料解决问题 设计优化：在设计中能多次调整、完善方案，增强效果与实用性	不能主动掌握新技术、新材料，不能主动提出问题并解决问题，扣 5~20 分			
职业素养	20	责任感：遵守课堂纪律，完成任务及时，无拖延 职业精神：具备精益求精的匠人精神，具有较高的审美能力	缺乏责任意识，审美水平不高，扣 5~10 分			
总分			权重	0.3	0.3	0.4
			实际得分			

模块二

居住空间软装设计实践

▶ **模块导读**

　　居住空间作为人类生活的第一场所，一般由客厅、卧室、餐厅、书房、厨房、卫生间等不同性质的空间组成。居住空间设计就是对上述家居室内空间及其周边环境进行改善、美化的创造性艺术表现，其目的是为人创造安全、舒适、宜人和富有美感的室内环境。因此，在居住空间设计中要体现"以人为本"的现代设计理念，遵循"安全、健康、适用、美观"的设计原则。

　　本模块学习重点包括含软装项目分析、平面布置图设计与绘制、制作软装效果图、软装方案排版与信息收集四个主要内容。在学习过程中，将工作流程与设计内容结合，将理论学习与实操演练相结合，突出锻炼学生实际操作能力和自主学习能力。

数字资源

128 m² 居住空间软装方案设计

📑 学习目标

▶ 知识目标

了解设计准备阶段工作内容，熟悉项目分析与定位的方法及技巧，掌握通过软装元素烘托设计风格的表现方法。

▶ 能力目标

能独立完成设计准备阶段相关工作，结合项目实际及客户情况进行设计分析与定位；按照软装设计流程和标准进行室内空间的软装陈设和布局，能够将所有装饰元素及产品内容进行整合，制作软装效果图，并根据客户反馈及时调整设计方案。

▶ 素质目标

培养严谨认真的工作态度，提升职业素养和实践能力，增强设计审美意识，提高设计水平，在展现个性化和创新性的同时，注重可持续发展。

▶ 思政目标

强化社会责任感与人文关怀，培养精益求精的工匠精神，增强文化自信与创新意识，提升团队协作与沟通能力。

📋 岗位要求

精通居住空间软装设计，擅长项目分析与定位，能整合软装设计元素，具备工匠精神与创新能力。

思维导图

情境导入

　　本项目位于某城市四环以外的国信南山小区，总面积 128 m²，经硬装改造后户型为三室两厅一卫。住户为一家四口，男主人为企业高管，年龄 40 岁；女主人为中学美术教师，年龄 38 岁；女儿 9 岁，就读于附近小学；一位老人（男主妈妈）65 岁。对设计风格没有明确意见。

　　目前硬装改造已完成，尺寸图如图 5-0-1 所示。

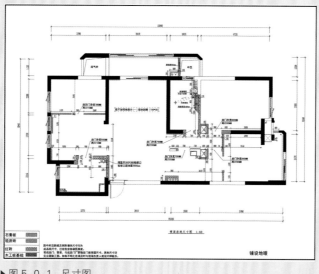

▶ 图 5-0-1　尺寸图

🗐 知识链接

数字资源

一 │ 项目信息收集与分析

（一）项目分析

项目的信息收集与整理是一个由大到小，由整体到局部的过程。

1. 步骤一：市场调研

市场调研内容包括项目所在城市的经济水平、具体位置、项目周边商圈环境、是否在当地的商业中心、当地的消费力和商业的发展情况等。

2. 步骤二：搜集项目信息

首先要了解项目的户型类型（平层、跃层、复式等）、项目层高及建筑间距（直接影响采光效果）、项目的具体位置、项目的结构特征、项目使用周期（周期的长短决定着饰品功能性和装饰性的占比）等基本信息（图5-1-1）。

3. 步骤三：客户信息收集与整理

该步骤实际上就是一个客户需求分析的过程，可分成显性需求和隐性需求两个部分。显性

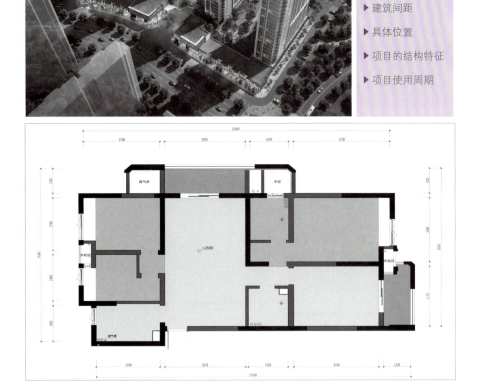

- ▶ 项目层高
- ▶ 建筑间距
- ▶ 具体位置
- ▶ 项目的结构特征
- ▶ 项目使用周期

▶ 图5-1-1 项目信息

需求就是通过沟通，客户主动告知的一些对于项目的基本诉求，比如对居室空间希望的风格，每一个空间单元的一些个体需求等。隐性需求就是通过沟通，客户并没有明确的心里预期，只是一些感受性词汇的表达，比如想要空间温馨一些、心情愉悦，甚至是只要进入设计的空间就会产生一种想要一个慵懒的下午的冲动。

在客户信息收集过程中，可以通过问卷调查的方式来提高工作效率。

（二）现场勘查

现场勘查的工具有：尺子（5 m）、相机、笔记本。

对硬装现场进行勘查，测量空间尺度，了解硬装造型，结合手绘和电子绘图的形式，把平面图和立面图记录下来；详细观察硬装现场的装饰风格、色调搭配等，进行拍照，包括大小场景和局部，照片尽量拍全。

客户需求问卷

我们和你一起，打造向往的生活、向往的家

第一部分 基础信息

客户称呼		联系方式		楼 盘	
房屋户型		建筑面积		装修情况	毛坯/精装
交房时间		预计入住时间		过往装修次数	
居住成员基本情况	居住成员人数、受教育程度、职业属性及成员间关系组成				

Q1：房屋使用倾向

☐婚房　　　☐养老　　　☐提升生活品质

☐投资　　　☐民宿　　　☐其他_____

Q2：请用几个词语描述您期待中的家

☐惬意　　☐质朴　　☐温馨　　☐浪漫　　☐洁净　　☐时尚

☐奢华　　☐雅致　　☐文艺　　☐个性　　☐禅意　　☐极简

☐其他_____

Q3：居住成员基本喜好

☐旅游	☐音乐	☐电影	☐喜剧	☐舞蹈	☐书画
☐阅读	☐收藏	☐购物	☐品茶	☐红酒	☐咖啡
☐雪茄	☐插花	☐瑜伽	☐运动	☐摄影	☐棋牌
☐网游	☐聚会	☐护肤	☐购物	☐烹饪	☐宠物

第二部分 风格及材质意向

Q1：您更倾向选择哪种风格？

☐现代轻奢　　☐古典奢华　　☐新古典　　☐新中式　　☐田园　　☐现代简约

☐美式　　　　☐法式　　　　☐意式　　　☐北欧　　　☐去风格化

Q2：您更倾向选用哪些软装造型及材质？

造型：☐直线　　☐曲线　　☐厚重　　☐纤细　　☐繁杂　　☐简单

皮革：☐亚光　　☐高光

布艺：☐棉　　☐麻　　☐绒　　☐丝

木质：☐开放漆饰面　　☐封闭漆饰面　　☐竹　　☐藤

金属：☐铜质　　☐铁艺　　☐不锈钢　　☐铝合金

画品：☐人物　　☐风景　　☐抽象　　☐具象　　☐禅意　　☐照片　　☐其他

饰品：☐木制品　　☐金属类　　☐树脂　　☐陶瓷/玉器　　☐玻璃/水晶　　☐收藏品

　　　☐动漫周边　　☐其他＿＿＿＿＿＿＿＿＿＿

Q3：您更倾向选用什么色系？

色调：☐深冷　　☐浅冷　　☐深暖　　☐浅暖

色彩：☐灰色系　　☐橙色系　　☐棕色系　　☐绿色系　　☐蓝色系　　☐红色系

　　　☐粉色系　　☐紫色系　　☐黄色系　　☐白色系　　☐黑色系　　☐其他＿＿＿＿＿

第三部分 空间功能需求意向

◆ 玄关空间

Q1：对玄关柜的功能需求

☐装饰　　☐鞋柜　　☐储物　　☐穿衣镜

◆ 客厅空间

Q1：对客厅的主要功能需求

☐家人交流　　☐朋友聚会　　☐商务洽谈　　☐看电视　　☐亲子互动　　☐其他＿＿＿＿

Q2： 对客厅的其他功能需求

□阅读　　　□影音　　　□用餐　　　□品茶　　　□游戏　　　□其他_____

Q3： 您在沙发上的坐姿一般是怎样的？

□ 1　　　　　　□ 2　　　　　　□ 3　　　　　　□ 4　　　　　　□ 5　　　　　　□ 6

◆餐厨空间

Q1： 您和家人的用餐习惯是怎样的？

□经常在家用餐　　　　□偶尔在家用餐　　　　□几乎不在家用餐

Q2： 您和家人用餐的主题有哪些？

□家庭成员日常用餐　　　□家族聚餐　　　□烛光晚餐　　　□其他_____

Q3： 是否需要折叠延伸式餐桌？

□需要　　　　□不需要

Q4： 您对餐椅材质要求是什么？

□纯木　　　□皮质　　　□布　　　□皮、布结合

◆卧室空间

Q1： 请您分别选择对主卧、老人房、儿童房、客卧的空间需求

需求	衣帽间	衣柜	斗柜	梳妆台	电视	书桌	床头柜	软包	硬包
主卧									
老人房									
儿童房									
客卧									

Q2： 您的什么物品对储物空间需求最大？

□衣服　　　　□鞋　　　　□包　　　　□生活用品　　　　□行李箱

◆书房空间

Q1： 您对书房的主要功能需求

□办公　　　□学习　　　□偶尔会客　　　□游戏　　　□休息　　　□其他_____

Q2： 您对书房的设施需求

□台式电脑＿＿台　　　□笔记本电脑＿＿台　　　□打印机　　　□大量书籍

□收藏展示柜　　　□按摩椅　　　□其他

Q3：您平均每天在书房的工作／学习时间有多久?

_____

◆人文空间

Q1：您对书房的主要功能需求

□瑜伽　　　□冥想　　　□品茶　　　□供奉　　　□运动　　　□练琴　　　□绘画

□棋牌　　　□其他_____

第四部分　设备系统需求意向

Q1：房屋中需要哪些全宅智能家居系统?

□智能灯光　　　□电动窗帘　　　□影音系统　　　□弱电机柜　　　□智能门锁

□监控系统　　　□可视对讲　　　□网络安全　　　□报警系统　　　□红外安防

□全屋模式　　　□其他_____

第五部分　其他需求意向

Q1：您是否有饲养宠物? 如有, 是什么品种?

□无　　　□有, 请说明：_____

Q2：您是否有家具或电器需要从老屋搬至新屋?

□无　　　□有, 请说明：_____

第六部分　价格意向

Q1：您的软装计划支出为多少?

预算总价_____万元

备注：

设计公司：

客户签字：　　　　　　　　　　设计师签字：

数字资源

二 | 平面布置图设计与绘制

在室内设计工作流程中，平面布局是最重要的一步，决定了整个室内空间的使用效果和视觉效果。一个好的平面布置方案，除了功能、尺寸，更要重视动线设计。

（一）什么是动线

所谓动线，就是空间使用者在空间中为达到某种功能使用的目的，而发生的动作行为，过程中其走过的路线就是动线。比如回到家中，放包换鞋－换衣服－洗手－做饭－吃饭－洗澡－睡觉，这是一个非常典型的、系统的动作路径，完成这一系列动作经过的路径，需要的时间、操作的便捷度与舒适度，可以用来判断动线设计好坏，也是判断平面布置方案好坏的关键指标。在住宅空间设计中，动线基本被分为居住动线、家务动线和访客动线三大类。

（二）动线设计的核心标准

室内动线设计最注重操作时间和体验感，这也是动线设计的核心标准。

1. 操作时间

操作点或动作点之间所走过的路线距离越短，操作时间也就越少。比如早上起床，洗漱－换衣服－吃早餐－出门，如何设计使这一系列动作之间走动路线最短，花费时间最少，便符合动线设计的第一个核心标准。

2. 体验感

考虑什么样的动线设置能够让居住者用最少最快捷的方式完成这一系列动作操作，比如方便起床洗漱，要考虑卫生间的开门方向；方便换衣服，要考虑衣柜的位置；方便吃早餐，要考虑厨房餐厅和卧室之间的位置关系；方便出门，要考虑餐厅和入户门之间的位置关系。这就需要在完成各空间对应的功能设计的基础上，充分考虑居住者在空间中实际的体验和需求，以保证各项操作能够流畅快速完成。

（三）三大动线设计

室内空间中的动线主要就是居住动线、家务动线和访客动线，无论哪种动线都要做到明确清晰、简单快捷、动静分离，避免动线交错。

1. 居住动线

居住动线设计在满足保护好居住者的隐私的首要要求后，再追求便捷要求，因此要尽量避免与家务动线和访客动线之间的重叠或交错。具体设计还要结合居住者的实际生活习惯、生活方式，以及每个空间的格局特点来决定。

常规标准的居住动线主要有以下几个场景。

回家：入户门→玄关→客厅／厨房→餐厅→卫生间→卧室。

起床：卧室→卫生间→梳妆台／衣柜→客厅→玄关。

吃饭：厨房（存放、清洗、操作、烹饪）→餐厅→客厅。

学习／工作：其他区域→书房／学习区（收纳、操作）。

2. 家务动线

合理的家务动线可以提高家务劳动的时间效率，通常按照标准的家务动作设置即可，主要有做饭、洗衣、打扫三大类。

做饭：主要是冰箱、水池、操作台、灶台之间的关系，食材的储存和拿取、食材的清洗和处理、食材的烹饪操作三项主要功能之间的操作流畅连贯，既节省时间，还较为省力。

洗衣：主要由取衣、洗衣、晒衣、收衣、叠衣收纳这五个动作路径构成。洗衣动线的核心在于洗衣机的位置，如何设置洗衣机位置，既要方便晾晒或者烘干机进行烘干灭菌，又要避免完成

系列动作路径过长，以及因地面滴水给儿童或老人带来安全隐患。

打扫：家务打扫主要由拿、扫、放回这三项动作构成，扫帚、拖把、抹布等尽量放置在一个位置方便拿取，再进行全屋的打扫清理，最后将工具放回原地。如何减少墙体之间的阻碍，形成网状路线，少走重复路线，便是打扫最优的动线。

3. 访客动线

访客动线就是家里有客人来访时，可能会走动的路线。访客动线重点考虑客厅、餐厅、客卫三个区域。访客动线设置的重点在于宽敞流畅和保护隐私，尽量避免与居住动线产生交错重叠的情况。

🔲 典型案例

好的动线设计，就是让所有动作行为短且便捷，在室内空间的动线设计中如何实现呢？我们先来对比图5-2-1两个布局方案。

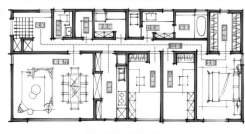 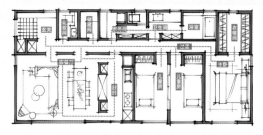

方案 1　树状动线　　　　　　　　　方案 2　网状动线

▶图 5-2-1 动线布局方案

方案 1

采用的是树状动线设计手法。以室内空间的过道为主干道，向两边展开分布空间，呈树状分布。如果想要早上起床上卫生间，必须经过走廊到达，如厕、洗漱完换衣服，又经过走廊和卧室，到达衣帽间，路线重复烦琐，并且走廊空间也是使用频率比较高的，如果家庭成员较多，动线肯定会混乱，在使用上产生冲突。

方案2

采用的是网状动线设计手法，在室内把两个或者两个以上的空间进行合并，每个空间就不再只通过走廊进行连接，可以有多条路线到达，无须折返。即使家庭成员较多，也不会出现树状动线设计手法中的严重冲突情况。

除以上两种设计手法外，由著名的建筑大师勒·柯布西耶创造的"洄游动线"，可以更好地串联各个功能空间，做到路线最短，并且不走回头路。洄游动线设计手法大大提升了 60 m^2 小房屋的利用率（图5-2-2）。

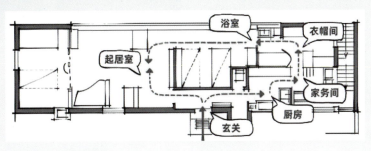

▶ 图5-2-2　洄游动线

数字资源

三 | 制作软装效果图

软装方案制作软件——美间。

（一）什么是美间

美间是一个基于互联网的软装设计工具，是基于素材拼搭的高阶软装提案设计工具，同时也为软装设计师提供海量素材库、产品库及软装设计方案，可自动生成报价清单，并实现"3D+2D"设计效果图联动。它包括移动端、PC端、网页端，电脑和手机都可以使用。它制作的软装效果图，呈现2D设计效果，操作简单，容易上手（图5-3-1）。

（二）美间功能

1. 共享产品库

美间里有海量的设计师与家居品牌商，上传有共享的家居单品素材，不仅信息完备且带有购买链接。

2. 自动抠图

类似于PS与美图秀秀，美间带有自动抠图的功能，帮助设计师处理上传的图片。

3. 精简版编辑功能

美简不需要面对繁复的编辑按钮与界面，可

▶ 图 5-3-1　美间界面内容

以实现简化编辑。

4. 方案模板

美间里有许多软装设计达人，分享了他们设计的场景与方案模板，供大家使用及再创造（图5-3-2）。

5. 一键生成提案

进入后台选择方案，点击"生成提案PPT"，设置需要展示的渲图、文案等信息，点击一键导出，便可导出PPT、讲解视频、网页等各种形式的提案文件。

6. 一键 AI 生成文案

方案一键导出 PPT 后，选择空间、风格等信息，即可生成文案。还可通过关键字生成文案的方式，只需输入关键字信息，如"轻奢""深色"等内容，系统将根据信息，AI 生成文案。

7. 其他功能

美间还有很多功能，比如，与酷家乐3D-2D 交互，制作家居朋友圈海报、彩平图，可找全国各地区的户型图，在线方案再设计，等等。

▶ 图 5-3-2　美间模板中心

（三）美间方案实施

登录美间平台后，可以在首页的模板中心选择软装搭配按钮，在显示的作品集中挑选喜欢的作品进行再创作，也可以选择创建方案选项，自己独立完成一个从无到有的软装作品（图5-3-3）。

▶ 图5-3-3　作品创作

数字资源

四｜软装方案排版

一套优秀的软装方案排版通常要满足以下几点。

（一）统一连贯的元素风格

①色彩搭配要统一。需要选择协调呼应，切合项目设计主题的色系，从PPT第一张到最后一张色彩搭配都要统一。

②元素构成要统一。包括元素的色块、形状、线条等等，无论是排版美观装饰需要的元素还是与项目主题呼应的元素，在每个PPT页面中要反复出现。

③字体要统一。包括字体的大小、样式、颜色等，都要有统一的标准。

④版式要统一。统一版式，不是说每一页的文字、图片、图案都在相同的位置，而是说版式设计要有秩序感，以此营造各页面之间的家族属性和系列化。

（二）饱满的设计内容

1. 封面

封面作为PPT的首页，这个页面是给甲方的第一感觉，也是设计师水平和能力的初步展现（图5-4-1）。

2. 目录

方案汇报所包括的内容，一般根据项目方案的逻辑顺序进行排列，可以简单地配图进行点缀，但面积不要太大（图5-4-2）。

3. 项目分析

根据项目的类型，方案项目主体内容一般都是站在整个项目的角度去分析（图5-4-3）。

4. 设计理念

设计理念是整个方案的思想和灵魂，是设计师表达给客户"设计什么"的概念，比如空间情景、氛围意境、相关元素等。

5. 设计定位

包含风格、色彩和材质定位。每一项都是经过设计理念一层层推导而成，有前后的逻辑联系（图5-4-5）。

6. 设计图

包括平面图和初步的软装方案图（图5-4-6）。

7. 封底

封底要注意风格和封面、内页保持统一（图5-4-7）。

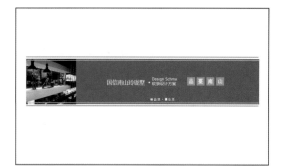

▶ 图 5-4-1　方案封面

▶ 图 5-4-2　方案目录

▶ 图 5-4-3　方案项目分析

▶ 图 5-4-4　方案设计理念

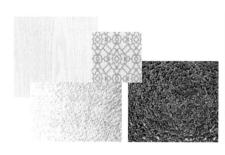

▶ 图 5-4-5　方案设计定位

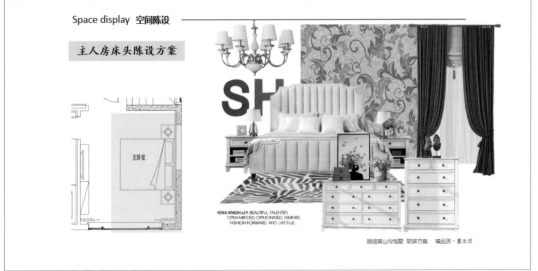

▶ 图 5-4-6　方案设计图

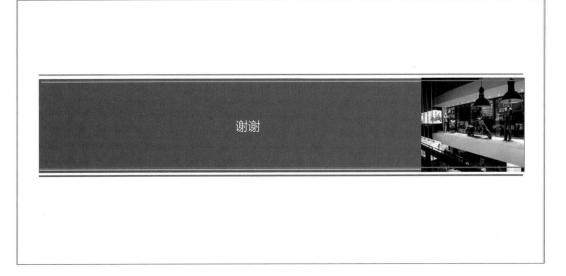

▶ 图 5-4-7　方案封底

⊞ 项目实训

实训一　项目信息收集与分析

⟪⟫ 任务要求

1. 对项目现场进行全面勘测，准确记录项目信息。

2. 结合现场实际，对客户诉求进行准确、深入的分析。

⟪⟫ 任务目标

1. 能全面采集硬装现场室内外环境的各项信息。

2. 能准确分析客户需求。

⟪⟫ 任务实施

步骤1：项目现场勘测，通过影像、测量、手绘等多种方式准确采集、记录各项信息。

步骤2：梳理项目现场信息，结合空间尺寸及客户诉求，明确各空间功能规划。

⟪⟫ 练习思考

1. 影响软装设计风格定位的因素包括哪些？

2. 影响居住空间功能规划的因素包括哪些？

实训二　平面布置图设计与绘制

任务要求

1. 准确分析项目户型情况及客户生活习惯。
2. 结合分析结果设计空间动线，完成平面布局设计图。

任务目标

1. 掌握符合项目实际及客户需求的空间动线设计方法。
2. 能够结合动线设计展开软装陈设布局。

任务实施

步骤 1：系统整理项目分析结果，拟定客户生活方式。

步骤 2：根据拟定生活方式，确定合理的空间动线。

步骤 3：根据动线，手绘平面布局草图。

步骤 4：完善草图，明确各项尺寸，绘制 CAD 平面布局图。

练习思考

1. 软装项目现场勘测包括哪些内容?
2. 软装项目现场勘测与硬装项目现场勘测有何不同?

实训三　软装效果图制作

任务要求

1. 明确本项目软装设计定位。

2. 制作符合项目定位的软装效果图。

数字资源

任务目标

1. 掌握美间中适合不同软装定位的设计产品的快速选择方法。

2. 能够通过美间制作符合项目实际、高还原度的软装效果图。

数字资源

任务实施

步骤 1：梳理设计风格、配色方案和元素清单，确保方向明确。

步骤 2：在美间平台或其他资源中搜集素材。

步骤 3：在美间平台中搭建空间模型，准确还原平面布局。

步骤 4：按照设计定位，将素材添加至模型中，调整比例、位置和颜色，调整光源和阴影效果，营造适合空间风格的氛围感。

步骤 5：导出高质量的效果图，确保效果图表达清晰且专业。

练习思考

1. 如何确保软装项目定位准确？

2. 目前 AI 在软装项目定位与效果图呈现方面能给予哪些帮助？

实训四　软装方案排版

任务要求

1. 确定符合项目定位的 PPT 版式及风格元素。
2. 制作完整的软装方案汇报 PPT。

数字资源

任务目标

1. 掌握软装方案汇报 PPT 版式设计方法。
2. 结合客户需求及项目实际，确定 PPT 排版内容。

任务实施

步骤 1：结合项目定位，确定封面和封底的版式及色彩、线条、字体等元素。

步骤 2：确定内页版式设计效果。

步骤 3：制作目录、项目分析、项目定位、色彩分析、材质分析、平面布局、软装效果等内容的页面。

步骤 4：进一步完善设计内容，确保软装方案的完整性。

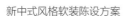

新中式风格软装陈设方案

越秀岘湖郡 135 m² 户型软装方案

练习思考

1. 如何做到提案 PPT 整体视觉风格统一？
2. 如何在保证页面美观的前提下，突出效果图展示页？

核心知识小结

1. 完成居住空间软装方案的步骤

①项目信息收集与分析。②平面布置图设计与绘制。③制作软装效果图。④软装方案排版。

2. 动线设计的核心标准

室内动线设计最注重操作时间和体验感，这也是动线设计的核心标准。

3. 一套优秀的方案排版通常要满足的条件

①统一连贯的元素风格。

②饱满的设计内容。

◈ 学习评价 ·····

项目自评、互评及教师评价表

学生姓名：　　　　　班级：　　　　　指导老师：　　　　　评价日期：

评价项目	分值	评价内容	评分标准	学生自评	学生互评	教师评价
学习态度	20	出勤情况：按时出勤，不迟到、不早退、不旷课 课堂参与：积极发言，主动参与讨论，按时提交课堂任务 课外学习：主动学习拓展知识，并进一步完善设计方案	1. 缺勤每次扣 2 分 2. 迟到 / 早退累计 3 次计 1 次缺勤 3. 不主动参与课内学习扣 5 分 4. 不主动完成课外学习内容扣 3 分			
专业技能	20	理论知识掌握：了解设计流程，熟悉项目分析与定位的方法与技巧	对居住空间软装设计相关理论掌握不清，不能准确表述，扣 5~20 分			
	20	实践能力：能给项目实际情况完成项目分析、定位及初步设计方案，并对方案进行深化，制作软装效果图	不能按要求完成实训任务，扣 5~20 分			
团队合作	15	协作能力：能积极配合团队，有效沟通，完成小组设计任务 贡献度：在团队任务中主动承担工作，推动任务按时高质量完成	缺乏团队协作精神，不能主动承担所分配的任务内容，扣 5~15 分			
创新能力	10	创意设计：能提出独特且实用的设计创意，运用新技术、新材料解决问题 设计优化：在设计中能多次调整、完善方案，增强效果与落地性	不能主动掌握新技术、新材料，不能主动提出问题并解决问题，扣 5~10 分			
职业素养	15	责任感：遵守课堂纪律，完成任务及时，无拖延 职业精神：具备精益求精的工匠精神	缺乏责任意识，得过且过，不追求质量及品质，扣 5~15 分			
总分			权重	0.3	0.3	0.4
			实际得分			

模块三

公共室内空间软装设计实践

▷ 模块导读

软装设计不仅仅局限于居住空间，还有商业空间、办公空间、会所等公共空间的设计。通常在公共室内空间中，根据不同的用途属性来布置，设计时需要考虑大量人员使用的需求，注重耐久性、易清洁、有创意、吸眼球，追求视觉效果上的美感。与居住空间软装设计相比，公共室内空间软装设计更注重公共性和通用性，设计时要考虑到空间的开放性、流动性和多功能性，更注重空间的使用效率和灵活性，以适应不断变化的商业需求和办公模式。在预算和成本方面，公共室内空间软装设计和实施的预算通常较高，而且需要考虑其长期运营的成本。

本模块学习重点内容包含地产楼盘、酒店、办公空间、其他商业空间等不同公共室内空间软装设计要点。在学习过程中，结合典型案例，强调公共室内空间软装设计区别于居住空间软装设计的主要内容，通过理论学习与实操演练相结合的方式，突出锻炼学生的实际操作能力和自主学习能力。

数字资源

200 m² 书吧软装方案设计

学习目标

▶ 知识目标

了解公共室内空间与居住空间项目软装设计的差异，掌握地产楼盘、酒店、办公空间等主要公共室内空间软装项目设计要点。

▶ 能力目标

能够将公共室内空间软装设计理论与实践相结合，通过团队合作的方式，完成完整的软装设计方案。

▶ 素质目标

培养团队协作精神，培养严谨认真的工作态度，增强设计审美意识，提高设计水平，在展现个性化和创新性的同时，注重可持续发展。

▶ 思政目标

深化文化认同与公共空间美学传播，践行绿色设计原则，拓宽国际视野，强化团队凝聚力。

岗位要求

精通公共室内空间软装设计，团队合作能力强，注重美学与绿色设计的融合，有国际视野。

思维导图

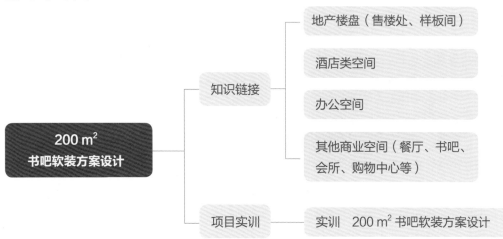

知识链接
- 地产楼盘（售楼处、样板间）
- 酒店类空间
- 办公空间
- 其他商业空间（餐厅、书吧、会所、购物中心等）

200 m²
书吧软装方案设计

项目实训 —— 实训 200 m² 书吧软装方案设计

情境导入

本项目位于某二线城市大学城区域，总面积 200 m²，层高 4.5 m，客户要求功能区必须含有前台、阅览区、借书区、休闲区（茶水区）、储物区、卫生间等。平面布局图已初步完成，具体情况如图 6-0-1 所示。

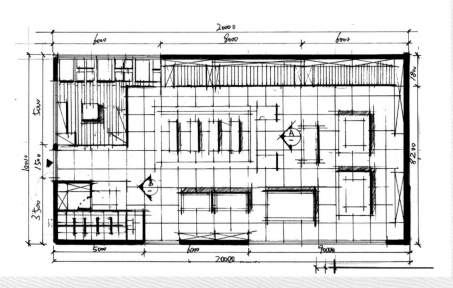

▶ 图 6-0-1 书吧初步布局图

📑 知识链接

　　根据客户性质，房屋公共室内空间软装设计大概可分为地产楼盘、酒店、办公空间、其他商业空间等。

一 | **地产楼盘（售楼处、样板间）**

　　在商业地产中，售楼处和样板间对软装的要求往往较高，因为样板间是楼盘的广告招牌，是开发商房屋促销的工具，对楼盘销售起着至关重要的作用。对于售楼处和样板间，地产开发商往往对软装的风格和色彩定位已经有了明确的方向。针对此类项目，需要注意以下几个方面。

1. 视觉效果

　　视觉效果是此类项目的重点，因为能够在短时间内吸引购房者的一定是视觉要素，赏心悦目的样板间才能起到促进楼盘销售的作用（图6-1-1）。

2. 陈设文化

　　虽然视觉效果很重要，但是一个优秀的软装设计方案，设计重点不应该只停留在视觉上，能够让一个项目真正成为经典案例的，必然是软装设计所表达的文化，这种由内而外的文化内涵能在销售中起到至关重要的作用。

3. 流行趋势

　　地产楼盘样板间软装设计需要研究当下最受欢迎或最具影响力的设计风格、设计元素、设计色彩，深入分析消费者的消费心理，明确设计风格能起到的促销作用。

4. 动线设计

　　二者相比，售楼处的动线设计比样板间的动线设计更需要引起重视。地产销售行为是从销售中心开始的，一个好的售楼处既是开发商地位、实力的展现，也是客户尊荣的彰显。售楼处动线设计应该考虑客户进门后所需要的一系列服务顺序。

▶ 图 6-1-1 武汉华润光谷润府销售中心软装设计

二 | **酒店类空间**

酒店类项目更加重视项目整体协调性，硬装、软装、园林及酒店所需的各类配套设施之间要相互协调统一。酒店类空间的软装设计强调文化，然而酒店的文化又是多方面的，如酒店的历史传承、地域特色、档次定位等，在设计时需要多方面去思考。酒店软装部分的很多产品都是定制型的，如雕塑、挂画、摆件、窗帘等，对尺寸、材质、色彩等要素都非常考究，要经得起来自世界各地游客的考验。

酒店类软装项目主要把握好以下两点。

1. 主题性

一个好的酒店不仅是供旅客住宿休息的场所，更是一个展示地域文化、传递文化价值的窗口，是当地文化与习俗的缩影，所以优秀的酒店软装设计需要突出主题性（图6-2-1）。

2. 标准性

酒店软装设计符合当地文化特色的同时，还需要符合酒店定位和品牌形象，对应酒店星级标准，与硬装相互配合，共同塑造出符合客户需求的酒店空间（图6-2-2、图6-2-3）。比如，五星级酒店软装对家具、床上用品、窗帘、装饰品等的要求都是非常高的。

▶ 图 6-2-1 极光主题酒店软装设计

▶ 图 6-2-2 五星级酒店软装设计

▶ 图 6-2-3 民宿软装设计

数字资源

三 | 办公空间

优秀的办公空间设计不仅能够让员工身心愉悦，提高办公效率，同时，还能准确表达出企业文化，并加以升华。

办公空间软装项目需要关注以下三个方面。

1. 了解公司文化

每个公司都有自己独特的文化和氛围，在进行软装设计时，要根据公司的发展方向去做，比如公司的发展方向、公司的理念、领导风格等。如果公司走的是互联网发展方向，科技感很强的办公环境更容易吸引客户；

如果公司走的是高端路线，那么可以把办公室设计得更加低调奢华（图 6-3-1）。

2. 确认风格

当下常见的办公设计风格分为以下几类：现代、简约、北欧、工业 LOFT、新中式、轻奢。其中，以现代、简约、工业风、新中式风格最受欢迎（图 6-3-2、图 6-3-3）。但办公空间的软装风格一定要与硬装风格相匹配，保持整体的统一性。

▶ 图 6-3-1　不同公司文化的办公室软装效果

▶ 图 6-3-2　工业风办公空间

▶ 图 6-3-3　现代风格办公空间

3. 空间层级布置

　　办公空间软装设计，要考虑到职位层级和职能的因素。对于高管的独立办公室和员工的开敞式办公区，软装设计要有所区分（图6-3-4）。

▶ 图 6-3-4　办公空间分区陈设

四 | 其他商业空间（餐厅、书吧、会所、购物中心等）

好的软装设计对商业空间来讲至关重要，它可以赋予空间灵魂、烘托氛围，让顾客沉浸、留恋其中，并让空间成为品牌强有力的代言人。

1. 提升品牌形象

商业空间的软装设计应该与品牌的理念和定位相契合，通过色彩、材质、纹理等元素的运用，传达出品牌所追求的价值观和风格。例如，以舒适、放松、自然为主题的咖啡店，可以运用柔和的色调、舒适的家具和自然元素来营造温馨舒适的环境，让顾客在空间内感受到品牌关注人与自然的理念，加深顾客对品牌的印象（图6-4-1）。

2. 氛围营造

商业空间的舒适度和氛围感至关重要。可以通过合理的布局、恰当的灯光和舒适的家具，打造出宜人的商业空间环境，让顾客感到舒适和放松。例如，服装店的试装间可以使用柔和的照明和舒适的椅子，让顾客在试穿衣服时感到舒适和自信，从而刺激消费者的购买欲望（图6-4-2）。

3. 留住客户

商业空间要与时俱进，跟上潮流。所以软装设计可以与科技元素相结合，创造出富有创意

▶ 图6-4-1　咖啡店软装设计

且有趣的互动体验。比如，在购物中心的儿童区，可以通过互动投影技术和巧妙的装置艺术，让儿童和家长们都愿意参与其中，体验另类而有趣的游戏和互动。这样既增强了顾客的参与感，也延长了顾客的停留时间（图6-4-3）。

▶ 图 6-4-2 服装店软装设计

▶ 图 6-4-3 融入互动体验的软装设计

器 项目实训

实训 200m² 书吧软装方案设计

◈ 任务要求

1. 准确定位本项目软装风格、色彩及材质。
2. 确定符合客户需求的平面布局方案。
3. 制作完整的软装项目汇报方案。

数字资源

◈ 任务目标

1. 准确分析项目情况及客户需求，明确项目定位。
2. 制作符合书吧空间属性要求的软装方案汇报 PPT。

◈ 任务实施

步骤 1：深入分析客户要求、户型情况和初步平面布局方案。

步骤 2：结合分析结果，准确定位本项目的软装设计方向，包括风格、色彩、材质等内容。

步骤 3：分析客户对本项目提出的功能需求，进一步完善平面布局方案。

步骤 4：制作主要区域软装设计效果图。

步骤 5：制作本项目的软装方案汇报 PPT。

◈ 练习思考

1. 当今受众所喜欢的书吧具备哪些特点？
2. 书吧的氛围营造手段有哪些？

◈ 核心知识小结

1. 公共室内空间类别

根据客户性质，房屋公共室内空间软装设计大概可分为地产楼盘、酒店、办公空间、其他商业空间等。

2. 酒店类空间软装项目要把握好的要点

①主题性：展示地域文化、传递文化价值。

②标准性：符合酒店定位和品牌形象，对应酒店星级标准，与硬装相互配合。

3. 办公空间软装项目需要关注的方面

①了解企业文化。

②确认风格。

③空间层级布置。

◈ 学习评价

项目自评、互评及教师评价表

学生姓名： 班级： 指导老师： 评价日期：

评价项目	分值	评价内容	评分标准	学生自评	学生互评	教师评价
学习态度	20	出勤情况：按时出勤，不迟到、不早退、不旷课 课堂参与：积极发言，主动参与讨论，按时提交课堂任务 课外学习：主动学习拓展知识，并进一步完善设计方案	1. 缺勤每次扣2分 2. 迟到/早退累计3次计1次缺勤 3. 不主动参与课内学习扣5分 4. 不主动完成课外学习内容扣3分			
专业技能	20	理论知识掌握：掌握公共空间软装项目与居住空间软装项目的设计差异	对公共空间软装设计相关理论掌握不清，不能准确表述，扣5~20分			
	20	实践能力：能根据空间属性及客户需求完成指定公共空间的软装设计方案	不能按要求完成实训任务，扣5~20分			
团队合作	15	协作能力：能积极配合团队，有效沟通，完成小组设计任务 贡献度：在团队任务中主动承担工作，推动任务按时高质量完成	缺乏团队协作精神，不能主动承担所分配的任务内容，扣5~10分			
创新能力	10	创意设计：能提出独特且实用的设计创意，运用新技术、新材料解决问题 设计优化：在设计中能多次调整、完善方案，增强效果与落地性	不能主动掌握新技术、新材料，不能主动提出问题并解决问题，扣5~20分			
职业素养	15	责任感：遵守课堂纪律，完成任务及时，无拖延 职业精神：具备精益求精的工匠精神	缺乏责任意识，得过且过，不追求质量及品质，扣5~15分			
总分			权重	0.3	0.3	0.4
			实际得分			

致谢

《室内软装设计》的编写历时数月，从初稿构思到最终成稿，凝聚了编写团队的心血与智慧。在此，我们对所有为本书付出努力、提供帮助与支持的单位和个人，表示由衷的感谢！

在编写过程中，我们参考了诸多领域内的优质资源，包括部分公众号上的专业文章和 B 站上一些优秀的设计类视频，这些内容为本书的知识体系构建和案例分析提供了宝贵的启发。在此，特别感谢这些内容创作者的专业性和分享精神，为相关知识的传播和普及作出了贡献。

此外，本书的顺利出版得益于学校领导的高度重视、行业专家的悉心指导，以及出版方的鼎力支持。尤其感谢同行专家的审阅意见和反馈，这些建议帮助我们不断完善内容，使本书更贴合教学需求与实际应用。

在编写过程中，我们力求内容准确、逻辑清晰、案例翔实，但由于时间和水平有限，书中难免存在不足之处，恳请读者批评指正。您的宝贵意见将是我们今后修订完善的重要参考。

最后，希望本书能够为室内软装设计领域的学习者和从业者提供指导与帮助，为行业的发展贡献一份微薄之力。

再次感谢为本书出版作出贡献的朋友们！

编者

2024 年 11 月 6 日